本专著获国家自然科学基金(No. 71901061，71471037，71871056)资助

基于认知的大数据可视化

BIG DATA VISUALIZATION BASED ON COGNITION

周小舟　著

东南大学出版社
SOUTHEAST UNIVERSITY PRESS
· 南京 ·

内 容 简 介

本书基于用户认知来展开,在对大数据的信息特征和人的认知特征分析的基础上,系统阐述了大数据可视化的视觉呈现方法和评价方法:从大数据信息流特征分析和人类视知觉认知特点两个理论基础出发,提出人机协同作业的复杂认知模型,结合大数据可视化实例研究提出大数据可视化视觉呈现方法。该呈现方法从一般性视觉呈现方法和交互呈现方法两个部分分别展开论述。结合前面提出的方法完成实例设计,提出适用于大数据可视化的一般性客观评价方法,并进行实例验证。最后对研究做出总结并展望后续研究。

本书旨在通过以人为本的可视化设计来缓解大数据时代下信息量过大造成的认知困难,紧跟时代需要;所提出的大数据可视化视觉表征方法和交互设计方法都具有很强的实践指导意义,适合大数据可视化相关的研究生和从业人员阅读。

图书在版编目(CIP)数据

基于认知的大数据可视化/周小舟著.—南京:东南大学出版社,2020.12
ISBN 978-7-5641-9268-6

Ⅰ.①基… Ⅱ.①周… Ⅲ.①可视化软件 Ⅳ.①TP31

中国版本图书馆 CIP 数据核字(2020)第 242074 号

基 于 认 知 的 大 数 据 可 视 化
Jiyu Renzhi De Dashuju Keshihua

出版发行:东南大学出版社
社　　址:南京市四牌楼 2 号　　**邮编**:210096
出 版 人:江建中
责任编辑:姜晓乐(joy_supe@126.com)
经　　销:全国各地新华书店
印　　刷:江苏凤凰数码印务有限公司
开　　本:787 mm×1092 mm　1/16
印　　张:12.25
字　　数:306 千字
版　　次:2020 年 12 月第 1 版
印　　次:2020 年 12 月第 1 次印刷
书　　号:ISBN 978-7-5641-9268-6
定　　价:56.00 元

本社图书若有印装质量问题,请直接与营销部联系。电话(传真):025-83791830

前　言

　　大数据时代带给我们的既是机遇也是挑战。高通道的科学实验、高速的科学计算、高分辨率的传感器以及错综复杂的网络环境共同促生了大数据时代的到来。海量的数据能够给人们提供更多的信息,这些信息要通过可视化的人机界面来展示给使用者。在更多的情况下,人们所直面的是可视化信息界面。在大数据时代下,信息的特点是高阶的信息维度、庞大的信息数量和繁杂的信息关系。而能够用来展示的可视化页面却是有限的,人们的认知资源则更为有限。因此,必须要理清数据信息、视觉表征和心理认知三者的关系,建立"数据-表征-认知"之间的有效映射,才能够将所需信息有效地传达给人。

　　有限的可视化展示页面和高维多元结构复杂的大数据之间的矛盾日益凸显,这个矛盾所造成的空间局限性是大数据可视化面临的根本问题。人位于可视化信息结构的顶端,是对大数据可视化中信息进行态势判断和行为决策的认知主体。人对于大数据可视化的需求是柔性的,既要求对整体信息的全局概览,也需要对局部信息的细节查看。交互式可视化给人们探索和感知数据提供了便利。本书以大数据可视化中人—信息交互多水平结构模型为研究架构,依次对大数据可视化的信息空间、认知空间、表征空间和交互空间展开分析,以认知为导向来探讨大数据可视化。

　　学术界对于可视化的公认评价准则是"信达雅",要能够真实、有效和美观地传达数据中的信息。那么,不同的数据类型、不同的数据关系就要求选择最合适的表现方式来呈现。本书从单个页面上的视觉维度映射和多个页面间的交互设计两个部分切入,以信息维度和视觉呈现的映射规律为导向来探讨相应的大数据可视化的视觉呈现设计。在页面呈现的宏观视角上对信息图元关系进行分类描述,探讨图元关系和信息维度之间的关系;在页面呈现的微观视角上阐述了定序和分类的维度表征及双维度的整合-分离规律。

大数据的特征决定其可视化的多页面形式,用户在多页面之间进行跳转的时候需要能够快速准确地得到自己想要的信息。这就和多页面之间设计的连贯性以及可视化的交互设计密切相关。本书将人和信息之间沟通的交互设计作为大数据可视化的研究重点,以实现多页面间的信息有效融合和知识连贯性为目标,提出适用于大数据可视化的交互设计原则、交互设计维度和有效的交互设计策略。

本书汇总了近年来笔者在大数据可视化方面研究的一些心得。本书的成稿得益于很多人的帮助,首先要感谢东南大学的薛澄岐教授,在他的鼓励下我才萌生了撰写本书的想法。他对于本书的研究方向、研究思路都给了很多建设性的意见,并且在他的指导下本书进行过三次重大调整才呈现出最终的图文效果。王海燕老师帮助本书进行了两次修订,在很多细节上给出了修改建议。另外,在研究的过程中是经过大数据小组成员们每周一次的讨论来确定具体的研究细则,包括张晶、陈晓娇、李安、李向荣、王俊超、陈丛哲、李文、林赟、秦嫣等,在此对他们表示感谢!南京林业大学的李晶博士、东南大学的周蕾博士、牛亚峰博士和中国矿业大学的邵将博士也对本书的成稿给予了帮助。在此一并表示感谢。

本书的部分内容借鉴了其他相关科研人员的研究成果,在书中尽可能地加了标注,并列出了参考文献。在此向参考文献的作者一并致谢,如有疏漏之处,敬请谅解。

在本书成稿的时候,大数据可视化已经有了广泛的应用普及,笔者希望能够通过本书给大数据可视化的设计和评价提供参考。也希望能够通过此书抛砖引玉,让更多的人从认知上来关注大数据可视化,推进大数据可视化的研究和实践。

本书有30多万字、一百余幅插图,除个别标注出处的插图外,均为作者周小舟独撰和绘制。虽经数次校对,但难免会有遗漏,如有不当之处,请广大读者批评指正。

周小舟

2020 年秋于东南大学九龙湖校区

目　录

第一章

绪　　论

1.1　研究背景及意义

1.1.1　研究背景

人、机、物三元世界的高度融合引发了数据规模的爆炸式增长和数据模式的高度复杂化。高通道的科学实验、高速的科学计算、高分辨率的传感器以及错综复杂的网络环境共同促生了大数据时代的到来。正如阿里巴巴集团前董事局主席马云于 2013 年 5 月 10 日的淘宝十周年晚会上所说,大家还没搞清 PC 时代的时候,移动互联网来了,还没搞清移动互联网的时候,大数据时代来了。据统计,现在我们一天所获取的数据量已经超过了上一代人一生的数据获取量,大数据时代在没有预告的前提下已经浸透到了我们生活的方方面面。大数据,或称巨量资料,指的是所涉及的资料量规模巨大到无法在可容忍的时间内通过目前传统 IT 技术和软硬件工具对其进行撷取、管理、处理并整理的数据集合。

通过对大数据的获取和挖掘,人们可以更快速掌握信息的关联性、趋势性、特异性,其直观有效的方法就是大数据可视化。可视化可以帮助人们理解数据,并且在人、机、物间实现信息互通。Emre Soyer 和 Robin Hogarth 在 2012 年对经济学专家进行一组统计分析数据的询问,在数据集和问题都设置为一致的情况下,只看到数据信息的专家组平均错误率高达 69.5%,而在数据信息外增加可视化图表后其平均错误率略有下降,达到 51%。最后一组专家只看到可视化图表,却只有平均 5% 的被试给出了错误答案。这个统计结果连参与者都感到极度惊讶[1]。从这个例子我们可以清楚地看出,可视化是用户"窥视"数据信息的最有效和必要的感知途径,通过可视化我们可以剖析数据的实质、感知数据中蕴藏的巨大价值。

可以将数据集合表征为不断递增且具有时间向量的高维信息流,而这种高维信息流若想为人所感知,必须借助可视化的信息交互平台。可视化能够让人们更加容易和快捷地理解复杂信息,是一种聚焦在信息重要特征上的信息压缩语言,是一种可以放大人类感知的图形化表示方法。信息流的可视化作为人和计算机沟通的交互界面主体,不仅展示了海量数据的基本信息,其作为数据处理的后端本身也推进了复杂的数据分析进程。

1.1.2 研究意义

1.1.2.1 大数据特征对视觉表征提出了新的挑战

大数据时代给我们带来了机会,同时也带来了巨大的挑战。以可视化信息流为主体的人机界面是大数据分析同用户直接接触的桥梁和媒介,可视化充分利用计算机图形学、图像处理、用户界面、人机交互等技术,形象、直观地显示科学计算的中间结果和最终结果并进行交互处理,为人类与计算机这两个信息处理系统之间提供了一个信息交互平台。用户通过可视化的人机界面直接感受大数据的信息内容,从而做出对态势的感知、对形势的判断和对未来的预测。传统的数据库先有模式再产生数据,而在大数据时代很多情况难以预先确定模式,模式产生于数据出现之后。在这个过程中,数据内容、数据类型和环境都在不断发生着变化,而现有的大数据信息流可视化更多地采用传统数据库的表现机制,无法满足大数据在数量、内容、特征上变化的要求。在大数据时代下,数据处理能力的滞后迫切需要研究和开发新的信息处理以及数据表达的技术和方法。有限的展示空间和膨胀的数据量之间的矛盾达到了难以调和的程度,因此可以说,大数据为计算机图形学和可视化领域带来前所未有的挑战,同时也为该领域提供了新的研究方向。

云计算和虚拟化技术的不断发展使得大数据在应用层面日渐丰富,为提升大数据展示技术即大数据可视化提出了迫切的要求。大数据信息的可视化应当设计良好、易于使用、易于理解、有意义、容易被人接受,但是目前有关大数据可视化设计的研究已经无法满足在大数据规模和维度的日益增长的前提下人们快速查询和阅读大数据信息流的迫切需求。而只有实现了大数据信息流的可视化,海量的大数据才能具有实际意义,进而从中挖掘出大数据所蕴含的巨大的价值潜力。

1.1.2.2 大数据可视化要符合人的认知特征

大数据在人机交互层面上体现出信息间的流通、更新和共享。无论智能化技术发展到何种程度,人总是位于信息结构的顶端,是对信息进行态势判断和行为决策的认知主体。因此,脱离了人的认知而谈数据的可视化是没有意义的。大数据可视化的主体是具有柔性认知特点的人。这个世界之所以呈现出我们所看到的景像是由于我们人类的感知觉所接受的限制在特定通道的特定域值内信息所综合呈现出的一个客观世界的心理映射。可以说,在信息传递过程中没有绝对的真实,只有有效的感知。那么对于大数据可视化来说,并不是把所有数据全部呈现出来才是最理想的结果,而是要从符合人的认知特征出发来设置有效的视觉呈现机制。可视化视觉呈现的设计可以极大地影响人阅读时的认知负荷和认知绩效。

1.1.2.3　大数据可视化研究的迫切性

标准化是创新的路障,创新是标准化的敌人。大数据可视化是一个新的课题,需要开拓与创新。同时,不同领域、不同数据类型以及不同认知主体又要求可视化可以遵循一定的标准来进行创新设计,可以让用户能够更准确快速地感知可视化所传达的信息。因此,从时代背景上来说,最重要的是在形成标准化之前对大数据的可视化进行深入研究,否则一旦形成了标准再做研究则为时已晚。本课题旨在大数据可视化初见端倪之时,深入探讨大数据可视化的内在机理,研究人与机器协同作业的复杂视觉认知系统,研究数据信息—视觉呈现—知识之间的映射关系,研究动态交互式可视化的分层结构与交互要素,探索动态页面有效而可行的生理测评方法,为大数据可视化的后续研究和设计标准的形成打下理论基础。

1.2　国内外研究现状

1.2.1　可视化的发展及趋势

1972 年版的牛津字典中将可视化(Visualization)一词解释为"在脑海中构建一个视觉图像",后来我们对于可视化一词的理解更趋近于"数据或者概念的图形表达"。它从一个内在心理结构的概念转化为人造物对认知和决策系统的支持[2]。数据可视化将抽象的信息和数据转变为图形图像,从而让人们更加直观和有效地感知数据。从 20 世纪末开始,全世界范围内很多认知科学家与可视化实验室都投入到了对更符合认知特征的可视化表征的研究中来,其中包括 Card[3],Robertson[4],Stasko[5-6],Hollan[7],Hutchins[8-9] 及 Furnas[10] 等人以及 Palo Alto 研究中心、加州大学、马里兰大学、IBM、AT&T 中的可视化团队等。

目前比较常见的可视化工具包括 Google Chart API、Flot、Gephi、Raphaël、D3、

visual.ly、Crossfilter、Tangle,还有地图可视化工具 Modest Maps、Leaflet、PolyMaps、OpenLayers、Kartograph、CartoDB、Charting Fonts 以及专家级编程工具 Processing、NodeBox、R、Weka 等。

由于所表征的大数据自身的特点,可视化也面临着前所未有的挑战。来自网络的不断变化的多类型开放式的数据源要求可视化具有实时处理的能力,能够对容量变化存在一定的自适应性。而大数据可视化参与到人—机复杂认知系统之中,就要求交互式界面能够满足人的认知系统对信息源进行查询、比较、综合、归纳的需求,同时又能够在每个操作中提供及时有效的反馈,综合起来大数据可视化应当包含以下几个特征:

(1)可伸缩和自适应性

大数据可视化界面下蕴藏着大规模信息量,而大数据的数据源很多情况下是开放式的,这就要求可视化能够容纳一定程度的信息变换,具有自适应特征。同时,由于大数据的海量特征所导致的显示界面空间局限性,过高密度的数据展示会影响用户的感知。对此,大数据可视化的研究人员提出了一些解决方案,例如利用单个像素的数据点绘制方法从而最大化屏幕利用率[11];利用抖动[12]、拓扑失真[13]等空间替代技术来减少节点的相互遮挡;利用平行坐标和散点图矩阵等增加展示维度减少页面混乱[14];利用透明度深度编码来增强图形聚合展示[15]。但是这些方案保留了几乎全部展示节点,因而只能轻微地缓解数据量和认知能力的矛盾,但无法根本解决页面空间局限性问题。在对大数据可视化不断探索过程中,我们需要利用过滤[16]、采样[17]、聚类[18]、模型拟合等方法来分层次、可伸缩地展示数据信息,才能符合人的认知能力,达到与大数据交互的目的。

(2)动态交互性

动态的展示方式能够直观地表达大数据信息的流动性和信息节点之间的因果和关联关系,而交互式的操作方式可以让用户针对认知需求而改变观察视角、感知整体趋势和支持对不同比例下不同的细节表现的探索。在静态的信息可视化时期,对于可视化的要求是尽可能地在有限的展示空间内展示更多的维度和关联。而到了大数据可视化时代,交互的参与完全地改变了可视化的这一原则,可视化的意义不止在于对数据集的图形展示,还可以提供一个窗口让用户对数据的信息进行开拓式探索和感知。大数据可视化在带来信息的全面感知、可靠传送和智能处理需求的同时,与传统的人机交互相比,信息的交互在时间维度上的展示特征更加明显。随着采样技术、布局技术等算法的不断优化及交互技术的不断渗透,优化后页面的布局设计会逐渐减少数据分布对可视化图形表达的约束,而逐渐适应人的认知图示和认知负荷要求。

(3)模式智能化

大数据可视化包含多模块、多层次的信息结构以及多变量信息单元,这些模块可以按照用户的偏好进行自定义或自适应以满足不同的认知需求,同时布局本身也影响到模式的提取。大数据可视化界面本身参与到人机复杂认知系统中,利用相关反馈技术支持智能地引导用户获取信息。例如在对目标信息的查询中,可视化界面提供不同的查询模式、对用户已有的输入进行语义匹配从而推送或者引导用户进入可能的信息内容层次中,其目标是让用户用很少的输入操作来推动搜索结果指向理想的目标。大数据可视化是一个双向界面,它提供一个半自动的认知系统,只需要用户简单的推动就可以让整个人机复杂认知系统在期望的方向上移动。

可视化的优势特征在智能便利的同时会大幅度增加大数据可视化在信息呈现、信息交互、信息维度和内容上的复杂性。例如在常规显示器的分辨率(约 100 万～300 万像素)下,对每个数据点的渲染进行可视化展示会大幅度超过用户的感知和认知能力,但通过采样或滤波减少数据点则有可能删除有意义的数据结构或异常节点。这就给大数据可视化带来了前所未有的挑战,使得大数据可视化的研究需要运用多学科知识来解决现有问题。

1.2.2　相关学科研究现状

大数据信息流可视化设计是一个涉及多学科的交叉课题,包括认知科学、信息科学、设计科学、计算机综合应用、人类工效学等多学科和领域的热点问题。国外几乎所有的一流大学和研究所都建立了相关研究机构进行视觉认知方法的研究,如美国麻省理工学院(MIT)的脑认知科学系人工智能实验室,美国加州理工学院(Caltech)的计算与神经系统组,德国马普协会等。在该领域内,黄凯奇等[19]对国内外视觉认知领域的研究进行了概述表达,指出目前国内对视觉认知的研究也不再仅围绕初级视皮层的生物模型和计算模型研究,而是涉及短时记忆、学习、整合加工等更深层次的研究;Nee Derek Evan 等[20]详细描述了短时记忆的工作特点;MacIntyre Tadhg E 等[21]研究了表象所产生的运动想象,为研究动态影响和多感官意向提供了可行的方法指导;Ward Jamie 等[22]综述了联觉对感知、意象、记忆、艺术创作和计算的影响;Cosmides Leda 等[23]探讨了知识获取到自适应调节的认知机制;Cheung Olivia S 等[24]描述了大脑从经验中学习和预测从而获取视觉认知的过程。Lohse 等人通过实验研究表明,可视化中微小的变化都可能会带来认知负荷的剧增,同时造成认知绩效大幅度的降低[25]。同样地,不符合人的认知特征的可视化也会极大地降低认知效率,引起认知摩擦[26],甚至导致决策失误。

在认知负荷的理论研究领域,程时伟等[27]提出基于分布式认知的认知资源组织和分配模型;Doherty Victoria 等[28]针对军事领域中的非专业人群展开人为因素和认知经验对环境信息界面的数据可用性影响;Brian 等[29]介绍了他们开发的一款实现任务执行中工作负荷测量的眼动数据可视化的软件工具；Wu C X 等[30]描述了一款可以预测多任务环境中人机交互的工作绩效和 CL 的人机工效软件包；Sandi Carme 等[31]分析了工作压力对认知的影响和具体情况。

在认知模型构建领域，Endsley 等[32]提出一种修正的精神模型理论用来解释认知能力和真值表任务产生的回答方式之间的关系；王新鹏[33]对国内外人类认知系统模型的研究进行了综述性阐述，对较好的人类认知系统模型进行了归纳和比较；Rosenbloom P S[34]基于图形化模型重新思考认知模型的构建，基于 Soar 认知模型研究了产品匹配的图形化实施，将一个混合的决策循环合并到一个简单的语义记忆中的早期阶段，初步提出认知架构的潜在性研究方法；Morita J 等[35]基于人类有时候倾向于依赖系统的自动化、有时候又不希望使用自动化的特点，通过统一认知模型——ACT-R 认知模型制定规则管理感知模块，建立了一种恰当的自动化人机界面系统；Derbinsky N 等[36]通过基本水平的激活研究 Soar 认知模型工作记忆的管理有效性和高效性，基于功能驱动探索 Soar 模型的自动化工作记忆管理。

在对认知负荷的定量测量研究领域，常见的基于用户的评价方法有主观评价法、绩效评价法和生理评价法三种[37-39]。主观测评法主要是依靠事后心理量表测试分数来作为评判认知负荷的依据[40-41]。常见的工具包括 PAAS 认知负荷主观测评量表[42]、SWAT 认知负荷主观评价量表[43]、NASA 所采用的 TLX 任务负荷指数（Task Load Index）量表[44]以及 WP 工作复合多参数（The Workload Profile Index Ratings）量表[45]等。在心理学分支下的认知过程的生理行为测定领域，裴剑涛等[46]结合日常运输任务，对三种年龄组的驾驶员在三种车速条件下的反应时、动作时及制动反应时进行了测试，为驾驶员的行车提供反应时依据；Hans Colonius 等[47]通过重复采集的视觉反应时数据与模型预测的一致性，验证了定量化时间随机框架—时间窗口的一体化模型，解释了多感交互的时序规则；Georg Buscher 等[48-49]通过眼动分析法研究了在人们观察网页时的视觉注意分配问题以及与网络搜索引擎界面中的广告的互动方法；Adam Palanica[50]研究了一般注视规律与拥挤信息注视规律的眼动特征差异；李金波[51]、康卫勇等[52]综合主观评定、绩效测量和生理测量三种评估指标，提出了认知负荷的综合评估建模方法。

在视觉设计即图形用户界面设计领域，Elmqvist N 等[53]尝试通过收集好的交互可视化案例，提取实用的设计指南，并提出"流体交互"的概念，通过一系列直接操作和体现交互的程序进行"流体交互"操作的定义；Michael J 等[54]根据交互式可视化工具的互动质量主要决定于其对复杂认知活动支持的理论，从宏观和微观两个层面出发，分析交互的结构元素和特征识别，为促进互动的系统设计提供理论框架和设计方法；Lai W 等[55]则介绍了图形布局技术在网页信息可视化以及导航中的应用。

在信息可视化研究领域，Wang X J 等[56]从图像检索和数据挖掘角度出发，提出将互联网上大规模图像数据库以及相应文本描述看作是有噪声的训练集,利用基于图像的检索技术建立图像和图像之间的相似度,并将互联网图像周围的文本描述作为有人工干预的弱标注信息,为图像和文本之间的关系映射提供了有效监督,通过数据挖掘技术从检索结果的文本描述中挖掘相关内容实现图像的语义标注;Giovanna Castellano[57]、Yim H B[58]等采用层次信息可视化方法,寻找在有限的屏幕空间上进行海量信息的可视化呈现的可能性;Card S K[59]、Liang-Hong Wu[60]等在节点链线图法(node-link)的研究基础上创新性地提出焦点+上下文(focus + context)技术,该技术是将一个信息集合特定部分的细节视图与总体结构视图混合在一起,并在魔眼查看(Magic Eye View)的三维交互功能与焦点+上下文的研究基础上将两者相结合,提出新颖的 3D 信息可视化方法;Luokkala P 等[61]提出 Facet Atlas,即从文本信息的内容与关系的角度出发,分析并解释多层面的文本信息。在信息可视化领域,除了常见的平面信息、层次信息等信息类型外,关于多维数据的表示、分析和可视分析也一直是研究的热点问题,例如 Ramakrisnan P 等[62]就提出了用星坐标的方法来表示多维数据;Serrano M 等[63]则以复杂网络为研究对象,提出隐藏度量空间模型,将社交网络中个体的兴趣和背景的差异进行信息多层次的可视化呈现。

在大数据理论和应用领域,Viktor[64]提出大数据时代的特征,并用实例讲述大数据带来的正负面效应以及相应的管理机制的确立;Fairfield Joshua 等[65]提出了兼顾稳定性和灵活性的大数据框架的构思;Rakthanmanon Thanawin 等[66]阐述了大数据信息流中一个重要的时间序列参数对于大数据挖掘算法的影响;Hofstee H P 等[67]探讨了针对大数据工作负载的系统设计和优化策略等;Reda K 和他的同事们[68]展示了在复合现实环境下如何实现异构数据集的可扩展的数据可视化,这些环境协同虚拟现实和高分辨率大型液晶拼接屏幕的功能,让用户同时并置二维和三维的数据集,并创建二维到三维的信息空间;Cheshire J 等[69]以伦敦公交系统为例,描述其对大数据意义的理解并展示了数据流在不同时间尺度下的描述方法;Basole R C 等[70]系统地阐述了一个分析商业生态结构的软件——Dotlink360 的开发至评测的过程,描述了以节点为基础,用多种视图方式来实现多关联项大数据的可视化;Christopher Mueller 等[71]研究利用图形排序算法来进行使用视觉相似性矩阵的数据的可视化分析,比较了三种排序方式下完成的数据可视化对数据分析策略的影响;Glatz Eduard 等[72]提出了可视化通信日志的概念,利用频繁集挖掘技术,将可视化模式作为超图,为大数据的可视化提供了另一种可行方案。

时至今日,世界范围内越来越多的团队开始投入到大数据可视化的研究中来。比较有代表性的包括美国 AT&T 公司可视化实验室,着重从事关于面向大尺度复杂数据的信息可视化研究、自动化的可视化和可视算法的优化及可视化中的隐喻研究等;美国哈佛大学可视化实验室探索医学、生物学、工程学以及地球科学中的可视化;美国的

NASA科学可视化工作室着重采用动态展示手段表征自然界的流数据;我国的香港科技大学的可视化小组致力于数据可视化、人机交互和电脑图形图像的研究;德国的慕尼黑工业大学计算机图形学与可视化小组则偏重可视数据挖掘、实时计算机图形学、大规模空间数据场可视化等;除此之外,像美国的西太平洋国家实验室,中国的浙江大学等团队都积极投身于大数据可视化的研究中并取得了一定的成果。

从以上多领域学科的研究现状可以看出,关于视觉认知的理论、应用和测量方面的知识储备已经比较成熟,但是缺少将这些知识延伸至大数据可视化的研究领域。大数据可视化的研究更多的是一个具体实例的解决方案,这些研究具有针对性但缺乏通用性。并且,现有的可视化技术更多的是从计算机算法入手即技术驱动(Technology-Driven),缺乏从对态势和决策起关键作用的人的角度出发,即通过用户驱动(User-Driven)来探讨可视化机制的研究。因此,从认知角度来探讨大数据可视化设计可以在一定程度上填补该领域研究的不足。

1.3　课题研究内容

在大数据可视化中,人机界面是实现用户对数据的理解和操纵的接口,数据、人、机器之间的交互是数据可视化的有效途径,可视化的质量和效率决定着大数据运用的效率。基于认知的大数据可视化研究就是根据人的心理、生理等因素,将可视交互界面视作人与数据之间沟通的信息通道,将数据表达与人的感知和认知能力相融合,使可视化界面帮助用户完成有效的分析推理和决策。因此,设计和建构基于大数据的"人—机"交互信息系统,尤其是在信息加工过程中占据主导地位(80%以上)的视觉通道开展信息可视化设计方法研究,使用户建立信息感知并高效地进行信息交互,从而更好地实现对大数据资源的利用和开发是建设大数据系统的关键。

如图1-1所示,本课题以大数据可视化的视觉呈现方法为研究对象,通过动态交互式的大数据可视化界面设计来实现人—信息之间的沟通,形成"数据—视觉呈现—知识"之间的映射关系。本课题的研究对象着重于大数据可视化中最常见的节点—链接图,其映射规律同样也适用于流场可视化、文字可视化等。具体的研究内容包括以下几个部分。

(1) 大数据可视化中的信息特征分析

首先从大数据的高维非结构化的信息特点出发,分析信息流的变化规律,并结合现有的节点—链接图的可视化研究,分析大数据信息维度,主要内容包括:

① 阐述大数据可视化中的信息流;

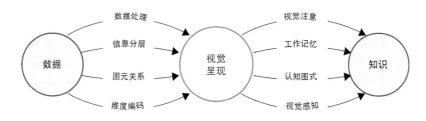

图 1-1　大数据可视化的视觉呈现

② 非结构化数据和时空数据的特征分析；

③ 元数据维度和实体—关系模型所对应的节点—链接图分析。

（2）可视化交互过程中用户认知行为特征分析

从人类共性和个性的认知特征出发，对用户读取大数据可视化认知行为的目的进行分析，研究用户在交互查看可视化信息过程中认知图式建立的黑箱，以及自下而上的可视化视觉表征要素对认知图式的作用研究，主要研究内容包括：

① 人类视知觉特征分析；

② 大数据可视化中的认知模式分析，包括可视化视觉表征要素对认知图式的同化及顺应作用机理以及认知负荷和认知绩效的结构模型；

③ 从领域与技术双经验维度、认知风格双维度以及时空能力三个方面分析不同人群的认知偏好。

（3）大数据信息流动态交互式视觉呈现方法研究

该部分为研究的主要内容，是在复杂界面信息可视化研究的基础上，从单页面上展示和多页面上知识集成两个部分入手（如图 1-2 所示），在可视化中加入时间向量表征维度和多层次表征维度，构建出适合人类柔性认知特点的交互式动态视觉表征方法。主要研究内容包括：

① 利用时间序列和空间序列的一致性实验来研究单页面多帧表征方法；

② 分析全局策略上的信息图元关系架构规则和微观视角上的信息维度视觉编码方法；

③ 分析交互设计的原则、策略及表征维度。

（4）设计实例分析及评测方法研究

基于（2）和（3）的用户认知特征和大数据信息流动态表征方法，选取一组世界银行开源数据库，对其内容进行分析解构，完成符合人类柔性认知特点的可视化解决方案，使其既能够使用户在尽可能短的学习时间内对该数据系统整体认知，又可以通过最优路径查询到想要的节点信息，达到杂而不乱、繁而不冗、互利共生的认知效果。研究相关的心理学实验范式，开展具体的眼动追踪绩效实验。其主要研究内容包括：

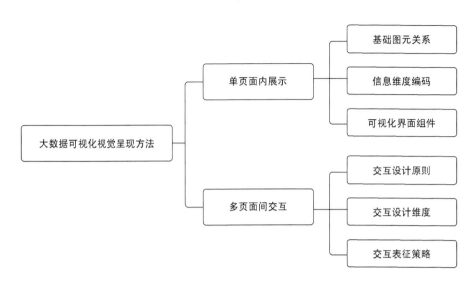

图1-2 大数据可视化视觉呈现研究结构

① 对具体数据进行处理,完成可视化设计实例,实现符合人类柔性认知特点的可视化交互式视觉呈现;

② 提出合理的生理指标对完成的设计实例进行定量测评,并证明该测评方法的可用性和有效性。

本课题中亟待解决的难点包括:

(1)缓解大数据空间局限性问题

高维多元的大数据的信息量和有限的展示页面之间的矛盾是大数据可视化所面临的根本矛盾。可视化通过合理的信息架构、信息分层、维度映射等设计方法和科学合理的交互设计相结合,来缓解大数据的空间局限性问题,实现单页面上的信息降维。

(2)以认知为导向研究大数据可视化

从国内外研究现状可以看出,现有的大数据可视化研究大多是以技术和算法为导向的,而可视化的目的是为了让用户更好地理解大数据中蕴藏的巨大价值,因此以认知为导向的研究是一个合理的方向。本文从人的视知觉和认知特征出发来研究大数据可视化的视觉呈现,提出从单页面上的维度编码到多页面间的交互设计都要以符合人的认知特点为设计准则。

(3)大数据可视化的综合生理评价

视觉信息界面以多帧和多层级的方式动态呈现,甚至需要加入用户的交互操作。这就和现有的眼动追踪单变量视觉要素的实验有很大差异。这需要在行为实验基础上研究新的实验手法;分析眼动跟踪记录下的生理反应数据,研究视觉变量和认知之间相互作用的内在机理。视觉信息界面以多帧和多层级的方式动态呈现,甚至需要加入用户的交互操作。这就和现有的眼动追踪单变量视觉要素的实验有很大差异。这需要在行为实验基础上研究新的实验手法；分析眼动跟踪记录下的生理反应数据，研究视觉变量和认知之间相互作用的内在机理。

1.4　本书结构及撰写安排

本书围绕大数据可视化中人与信息交互的多水平结构模型展开，除了涉及信息计算编码的计算空间外，各章节对可视化交互中的信息空间、表征空间、交互空间和认知空间逐一展开论述。其中第二章对信息空间的大数据信息特征展开论述，第三章则描述了认知主体的认知空间，第四章为表征空间的论述，第五章和第六章则重点阐述了交互空间。本书研究思路和框架安排见图 1-3，各章节的内容安排如下：

本书共分为八章，从大数据信息流特征分析和人类视知觉认知特点两个理论基础出发，提出人机协同作业的复杂认知模型，结合大数据可视化实例研究提出大数据可视化视觉呈现方法。该呈现方法从一般性视觉呈现方法和交互呈现方法两个部分分别展开论述。结合前面提出的方法完成实例设计，提出适用于大数据可视化的一般性客观评价方法，并进行实例验证。最后对研究做出总结并对未来后续研究进行了展望。

第一章（绪论）：分析大数据可视化的研究背景，提出基于认知的大数据可视化研究的意义。分析国内外研究现状，阐述本书的研究内容、难点和研究思路。

第二章（大数据可视化中的信息特征）：从大数据的特征和可视化发展现状入手解释了大数据可视化中信息流的含义。对大数据的非结构化、时空特征和高维多元特征进行了概念阐述。从元数据维度和本体内容数据维度两方面详细阐述大数据中的信息维度。信息维度的梳理是实现大数据可视化数据—视觉呈现—知识的映射的基础。

第三章（大数据可视化中的人机复杂认知模型）：从人的视觉认知特征出发最终提出人机协作的复杂认知模型假设。其中视觉认知特征既包括人类共性的视知觉特征和认知模式，也包括不同的经验维度、认知风格和视空能力等个性特征。本章中提出的以大数据可视化界面为媒介的人机复杂认知模型是后续视觉呈现和交互设计的理论基础。

第四章（大数据可视化的视觉表征方法）：在可视化表征主体的视觉呈现上，从宏观视角分析了可视化信息架构的基础即图元关系，在微观视角分析了信息维度编码方法。针对大数据可视化界面，从功能上对其进行分解，分为内容型组件、导航型组件和拓展型组件三类。

第五章（大数据可视化的交互设计原则与维度）：从人的角度出发，基于大数据可视化认知任务提出大数据可视化的交互设计准则，并在大量实例研究的基础上归纳出七个可调节的大数据可视化的交互设计维度。

基于认知的大数据可视化

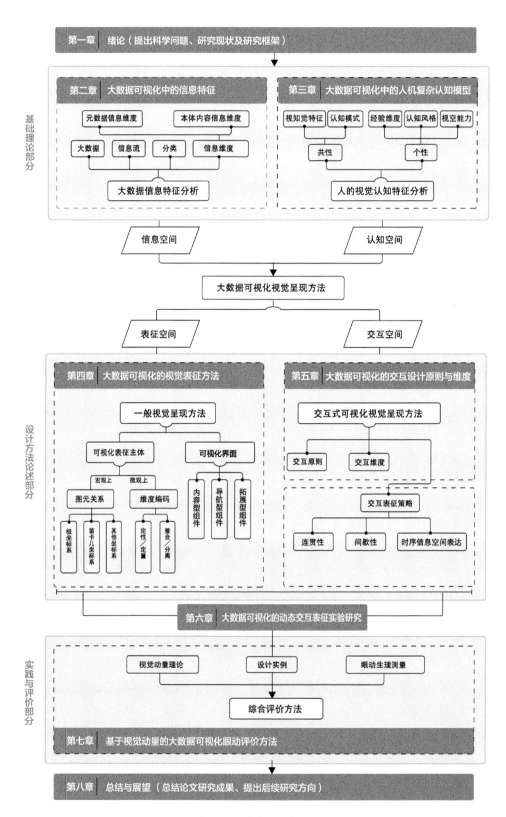

图 1-3　本书研究框架

12

第六章（大数据可视化的动态交互表征实验研究）：针对大数据可视化多页面相继呈现这一特性，阐述适用于大数据可视化的连贯性、间歇性设计要素，提出视觉锚点和必要停顿的具体交互设计方法。并对加入时间维度的时序信息空间表征进行实验研究。

第七章（基于视觉动量的大数据可视化眼动评价方法）：基于前面所分析的视觉表征及交互设计原则和方法设计出大数据可视化设计实例。将视觉动量概念引入眼动生理测评，得出基于视觉动量的大数据可视化量化评价方法，并讨论其泛化到一般工作环境的可行性。

第八章（总结与展望）：对前面的研究进行工作总结，得出研究成果。并结合大数据可视化的发展方向，提出后续研究的可能方向。

本章小结

本章针对大数据的发展以及可视化的作用提出基于认知的大数据可视化的研究意义，强调认知主体对于大数据可视化的决定作用。结合国内外研究现状，得出从人的认知角度对大数据可视化的研究还较为少见，并且缺乏通用性理论指导。针对这一现状，阐述了本研究的研究内容和难点所在，通过研究思路和结构提炼出本书整体研究框架，即从信息空间、认知空间、表征空间和交互空间等方面来探讨基于认知的大数据可视化问题。

第二章

大数据可视化中的信息特征

在研究大数据可视化之初,需要对大数据的信息特征进行梳理,本章是对大数据可视化信息空间的分析。本章从大数据特征入手,结合大数据可视化,阐述信息流的概念,并解释了大数据信息的非结构化、时空特质和高维多元属性。最后梳理大数据可视化中的信息维度,从元数据信息维度和本体内容信息维度两方面深入探讨。

2.1 大数据可视化

2.1.1 大数据特征

根据维基百科的定义,大数据是指利用常用软件工具捕获、管理和处理数据所耗时间超过可容忍时间的数据集[73]。就目前而言,大数据数据源主要来自高通道的科学实验、高速科学计算、高分辨率的传感器以及错综复杂的网络环境[74]。学者们将大数据的一般特征归纳为4V1C,包括多样化(Variety)、海量(Volume)、快速(Velocity)、灵活(Vitality)和复杂性(Complexity)。其中多样化是指数据的类型多样,既包含具体事物型结构化数据也包含网页型半结构化数据以及视频、语音等非结构化数据。大数据的快速是指随着时间的推移数据价值会大幅度降低,因此就需要对数据进行即时的处理。灵活特征要求数据更新频率增加导致大数据分析和处理模型都需要快速地适应。复杂性是大数据的一个重要特征,大数据涵盖范围广泛,因此对于不同的业务需要不同的处理方式和处理工具。

对于一个数据源是否属于大数据,业界并没有完全标准统一的定义。其中微软公司提出了一个三步界定法(图 2-1)给了一个相对清晰的判定标准和业界认可的依据。依照该界定,符合大数据的源数据一般在 100 TB 以上或者是来自于超高速的数据流,通常情况下其年增速大于 60%;该数据源必须部署在可动态适应的基础设施或者是云存储上;数据源的部署中需要有不少于两个的数据格式或数据源,或者高速流数据源

（如点击流或机器产生的数据流）。从这个界定法的三个步骤可以看出,除了存储必须符合动态适应以外,高速的流数据是大数据的一个重要性质。例如,源源不断传来的各交通路口的实时路况信息,社交网络上不断出现的信息更新等。

图 2-1　大数据数据特征条件

2.1.2　大数据可视化

进入大数据时代,数据节点以数量级方式增长,可视化通过描绘、测量、计算各节点之间的关系,以交互式的方式展示出来,人们会在其中观察到许多似是而非的相关关系,通过寻找关联物以及通过找出新种类数据之间的相互联系来解决日常需要。大数据的特征对其可视化方法提出了新的要求。发展至今日,可视化已经成为整个认知系统的关键环节,它承载着沟通人和数据之间桥梁的作用。可以说,交互式的大数据可视化已经属于人—机复杂认知系统中的一部分,具体的模型将在第三章中展开论述。没有可视化作为桥梁,作为用户端的人类很难直观快速地感知大数据中蕴含的巨大财富和价值。

从各个实验室的研究现状可以看出,大数据可视化技术已经涵盖到科技和生活的方方面面,已经出现的大数据可视化涉及自然科学现象及计算、计算机网络、政治商业金融、工程管理及艺术表现学等众多领域,详见表 2-1。目前研究的重点是如何将复杂多维的数据进行图形表征,包括抽象的、具象隐喻的或是仿真的表征方法以及优化算法。

表 2-1　面向领域的大数据可视化

领域	自然科学现象及计算	计算机网络	政治、商业、金融	工程管理	艺术表现
内容	医学	社交媒体	政治关系	个人信息管理	音乐声波表象
	生命科学	数字生活	历史档案	旅游管理	文本
	生物、分子学	信息检索	经济分析	协作管理	古迹

领域	自然科学现象及计算	计算机网络	政治、商业、金融	工程管理	艺术表现
内容	工业无损探伤	通信网络	金融分析	车辆工程	视频
	人类学、考古学	日志分析	教育应用	车载系统	
	地质勘探	监控网络	犯罪信息	材料工程	
	化学	Web 挖掘	军事管理		
	气候		商业智能		
	海洋勘探				

2.1.3　大数据可视化中的信息流

原始数据来源于各种高精度科学实验、高速科学计算、高分辨率信号探测设备以及错综复杂的网络环境。所谓数据是指未被加工的数字原材料，而信息是指那些对用户有用的数据，是组织后的数据，表示数据间的关系和形式[75]。信息流是指信息从底层数据库通过交互式的人机界面与用户之间的信息流动。大数据可视化中的信息呈现更多地表现为动态特征的信息流，即信息集合主动地获取数据，通过实时传递的数据进行信息动态整合，并自主智能地处理感知信息。

可视化发展到大数据时代，可视化界面不仅仅局限于数据信息的展示，而是通过和用户之间的人机交互参与到数据分析之中。有了交互式可视化界面的参与，最终实现"数据—信息呈现—知识"之间的信息流动。从图 2-2 中可以看到，信息从底层数据库中以数据的形式存储（或者实时流数据），通过对数据的集成和提取后进入数据分析的阶段，包括机器认知、数据压缩和统计，形成决策支持、商业情报、推荐系统和趋势预测信息。这些信息通过交互式可视化人机界面和用户之间进行信息交换，用户的交互式操作（例如查询）又会反作用于可视化界面，从而和底层数据库进行迭代。也有学者将此过程分为四个阶段，分别是数据的收集和存储、数据预处理和转化、将数据转化为图像的图形算法以及人类感知和认知系统。在交互式可视化信息界面的搭接下，人和计算机以及云端网络之间形成迭代有序的信息流动，在"数据—信息—知识"体系中流动的是信息，数据是信息未加工的原始形式，而知识是信息富有认知意义的成果转换和可视化目标。

这种源源不断的数据流构成了大数据流动时的数据源。高速数据流和高维多元所造成的空间局限性，使得大数据可视化难以通过单张静态的图示来表现。所以通常情况下，大数据的可视化以利用交互显示或者动画显示的方式来动态展示按照时间、空间、关系等来编码的多层次视图。

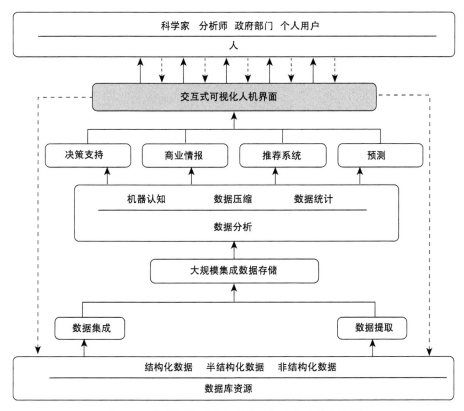

图 2-2　从数据库到人之间的可视化信息流示意图

2.2　大数据的分类和特征

在探讨大数据的可视化之初,我们首先要了解大数据的特征。在本节里,按照大数据最基本的数据类型将其分为时空数据和非时空数据,按照数据结构将其分为结构化数据和非结构化数据。然后介绍了大数据最普遍的特征,即数据的高维多元属性。而这些类型和特征则是大数据可视化研究的落脚点。

2.2.1　结构化数据和非结构化数据

结构特征的转变是大数据的一个重要特征。早期的计算机数据都是行列式的结构化数据,例如一个集体内各个科目的分数统计。这种数据处理所面临的问题主要是对数据集科学的存储和分类,方便编辑和查找。随着计算机软、硬件能力的提升,开始出现无法用数字或统一的结构表示的非结构化数据,例如电子邮件、文档、医疗记录等,有些人也称之为半结构化数据。随着互联网和物联网的进一步发展,个人电脑和各种输入设备及探测、感应器的普及,出现了大量异构的非结构化数据,如文本、图像、声音、网页等,而这些类型的数据已经构成了信息的主要表现形式。

大数据可视化所面临的一个重要问题就是对这些异构、非结构化数据进行信息表征。通过对非结构化数据进行剖析会发现,这些数据并非没有结构,而只是形式上的差异导致无法用简单的行列式进行排布和表征。从系统论的观点出发,可以将非结构化数据看作孤立状态下无意义的特征要素组合的整体。而对这些整体进行分解,可以从中提取出简单的,方便计算机识别加工的部分特征要素来说明复杂的整体。如图 2-3 所示,对非结构化数据中所涉及的文本、视频、音频、图片、模拟信号灯进行结构化分析,可以从逻辑意义、上下文关系结构以及结构化的元数据三个方面进行结构化分析。

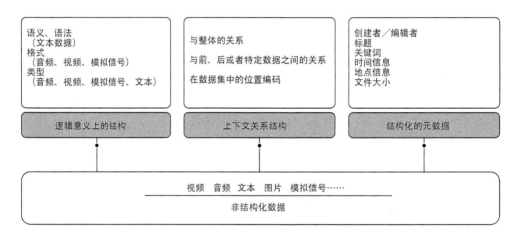

图 2-3　非结构化数据的结构化特征分析

通常来说,大数据是多种类型数据共存的,数据具有混杂性和模糊性,其中非结构化数据占到数据总量的 80% 以上且呈上升趋势[76]。随着物联网的快速发展以及移动网络的全面普及,每时每刻、随时随地都在产生大量的、各种各样的非结构化数据,它构成了网络时代的数据主体。

2.2.2　时空数据和非时空数据

时间和空间属于客观事物最基本的维度。可以说数据都应该包含时间和空间的元数据。这里所说的时空数据和非时空数据是数据集最基本的不同类别,主要指连续时空下的同质数据和同一时空中的异质数据之间的差异。这里所说的时空数据是指以时序或者空间位置作为主要表征维度的数据集,又可以分为时序型数据和空间型数据[77]。时空数据中对象、过程、时间随着时间推移或者位置转变所产生的关联关系是时空数据关注的重点。时空数据通常包含带有坐标定位的地理信息和包含时序延展的时间信息,所包含的时间和空间信息是我们分析数据属性和特征的必要素材。时空数据可以按照时间和空间的这种关联关系来选择不同的尺度机制,实时地抽取阶段行为特征,以及参考时空关联约束建立态势模型,实时地觉察、理解和预测导致某特定阶段行为发生的态势。例如谷歌地图就是一个典型的时空数据可视化,它依照地理上的清晰度分为 22 个层级,每个层级的比例尺不相同,人们可以按照对路径或者目标地查找的需求通过简单直接的缩放操作在多层中平滑跳转。

时序数据是顺序型数据的一种,指同一现象或者信息维度在不同时间点或者时间段上的数据序列。很多数据的获取和采集都和时间相关,时序信息可视化通常按照时间轴来展示单向、线性的时序数据在时间维度上的发展变化,能够帮助人们捕捉事物变化方向、峰谷值、转折点、发展周期,从而达到预测的目的。

空间数据最常见的是基于地球表面地图定位的地理信息系统。地图点表示有两种基本类别,一类是以点、线、面等几何要素配合其坐标信息所组成的矢量模型;另一类是更为常见的栅格模型,它是包含底图的多图层模型。栅格模型的底图中往往包含最基本的道路、河流、桥梁、绿地等地理信息,在底图之上叠加 POI(兴趣点)图层等功能图层。前面所举的谷歌地图的例子就是属于栅格模型。而更为宏观的天体空间信息表征或者微观上的材料及生物分子可视化等以空间信息作为基础架构的信息可视化在理论上也属于空间数据的可视化。

相对地,非时空数据虽然包含时空元数据(例如文件访问时间、地点等),但它不强调其在时序或者空间位置上的变化,可以近似地将其看作是在同一时空下的数据集合。非时空数据的可视化所考查的重点在于数据间的异质差别或数据之间的关联或互相作用。例如,文字云可视化、思维导图、网站拓扑图等。如图 2-4 所示的是利用 WordLe 在线文字云可视化工具生成的文字云,其表达了某一篇英文论文中的关键字出现的频率,而在这里时空元数据则不是需要关注的内容。由此可知,通过文字云可视化可以清晰地看到大篇幅文字中出现频率较高的词汇,从而可以快速感知到该段文字所表达的主题。

图 2-4　由 WordLe 生成的文字云

2.2.3　高维多元特征

除了数据量大以外,高维多元是大数据的最基本特征,也是增加大数据可视化复杂度的根本原因。高维泛指高信息维度(Multidimensional)和多信息元(Multivariate)数据。通常来说,高维是指多个(大于 3 个)相互独立的维度,多元指互相潜在关联的多个变量,而研究者在实际应用中很难在初始阶段界定维度或者属性之间的关联性,也可以说所涉及的高维数据通常为高维且多变量的数据[78-79],因此我们将高维多元属性放在一起讨论。

例如,社交网络中所发布的日志数据,一个指定日志的发布时间、发布地点、关联联系人、日志类型、日志文件大小等都是该日志的参数属性,而这些属性的整体就将该日志文件塑造成了一个高维数据节点。从数据结构来看,高维数据是相互关联、类型众多、数据庞大的一个数据集。图 2-5 利用平行坐标轴展示了一个具有代表性的多个独立维度的高维数据集。可视化图形展示了超过 1 000 种不同食物每百克的多种营养成分含量,其中每个连接的线是不同的食物,每个轴代表不同的营养物质。其中不同食物、不同营养成分、食物种类、营养成分含量值等都是高维且多元的。在本文中,为了方便研究我们将所有实体、关系或者属性的每个需要展示的独立或者有关联的特征都称之为一个维度。例如实体的名称、序号、间隔、比率,甚至对实体的操作也可以看作一个维度。

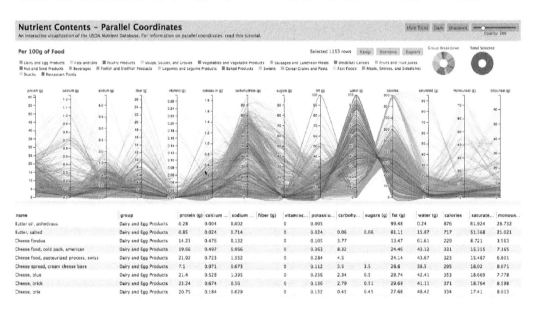

图 2-5　平行坐标轴所展示的具有多个独立维度的高维数据

(图片来自 http://www.statisticsviews.com)

2.3　大数据的信息维度

2.3.1　大数据中的信息维度内涵

　　大数据可视化是实现数据信息到视觉的映射,在研究视觉呈现之初首先要分析大数据的信息维度。可视化是为了让用户更好更快速地感知信息,实现有目的的查询,因此对数据的感知不仅涵盖数据内容的信息维度,还包括反映信息特征的元数据信息维度。如图2-6所示展示了大数据的信息维度内涵。其中元数据是对数据的阐述,而本体内容信息维度是数据包内部信息之间的维度梳理。

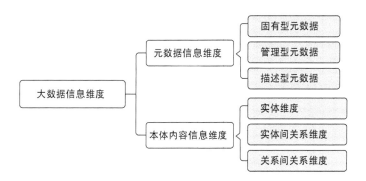

图2-6　大数据信息维度内涵

2.3.2　元数据信息维度

　　元数据是关于数据的结构化数据,其表现不一定是数字,是对信息包裹的编码描述[80]。元数据一般可以分为三类,第一类称为固有型元数据,是说明数据的元素或属性的元数据,包括名称、大小、数据类型等;第二类称为管理型元数据,是说明数据处理方式和结构的元数据,包括关联系数(度、介数、接近度、特征向量等)、节点、层级等;第三类称之为描述型元数据,是不能体现数据内容本质但具有相关描述性的元数据,包括数据建立地点、联系方式、拥有者等。其中管理型元数据中节点的度是指节点在网络中与之相连接的相邻节点的数量;介数是指途经某节点的最短路径数目;接近度是指节点到网络中所有节点的距离,反映节点的中心性;而特征向量综合体现节点与相邻节点的重要程度。可以看到,元数据信息是对数据本身编码后的描述,其对于用户感知和理解数据具有重要意义。

对于大型非结构化数据的可视化表征,在大尺度比例下由于数据密度过大,很难通过其数据的语义特征来进行信息架构,通常是采用某一结构化的元数据维度来进行基础搭建。有了结构化的特征维度,就容易在此基础上对数据进行归类、比较、分析、提取等后续处理和感知。对于包含结构化数据和非结构化数据的大数据集来说,元数据是非常重要的描述维度,其结构化的信息形式为非结构化数据的信息架构提供了可能性。其中,时间维度是大数据元数据中最为常见和重要的元数据维度,很多时空数据都是基于时间维度来进行信息架构和布局设计的。在第五章所述交互维度中的生长度就是对时间维度的调节。

图 2-7 以常见的社交媒体网络节点信息为例,阐述元数据维度的具体含义。可以看到,一张简单的图片包含了多个元数据信息,而多个节点的信息网则将这些信息构成信息维度。所列举的这些元数据维度都不直接表现节点信息(示例中指代图片信息)的内容,但却是人们感知、理解和评价信息不可或缺的信息维度。在高维多元、结构复杂的大数据可视化架构中起到重要作用。

发布了新照片"ABCD"

TOM

固有型元数据维度

文件名称: ABCD
文件大小: 16kB
文件类型: JPEG图片

管理型元数据维度

发布总贴中的序号: 23/100
查看数: 28

描述型元数据维度

发布时间: 19:20 01/12/2016
发布地点: 北京市
发布者: TOM
发布终端: iPhone 6

图 2-7 信息的元数据维度示例

2.3.3 本体内容信息维度

这里所说的本体内容信息维度是和元数据维度相区分,指代数据内容上的信息维度。在大数据可视化中本体内容信息维度是由实体—关系模型所构建。这种基础的模型涵盖多种图形种类,包括软件结构图、数据流图、组织结构图、软件模型图等。而实体—关系模型所对应的可视化图形最多的是节点—链接图。它具有直观和高空间利用率等优势,是目前大数据可视化中最常见的表现形式。节点—链接图是一个非常广泛的图表类型,其中节点代表实体或者信息元,而链接则代表这些实体之间的关系。一个节点—链接图网络可以看作是节点和链接的集合: $G=(V, E)$,其中节点的集合 $V=$

$\{v_1,v_2,\cdots,v_N\}$，边的集合 $E \subseteq V \times V_j$，其中 $N=|V|$ 代表节点的数目。

2.3.3.1　实体—关系模型与节点—链接图

实体—关系模型中的实体是待可视化的对象，它可以是一个客体对象，也可以是客体对象的一个部分，或者是抽象事务（例如组织关系）中的一个部分。这里的实体的关系是将实体彼此关联的结构和模式，它可能是在不同类型的对象之间，例如品牌与其客户之间；也可能是整体和部分的关系之间，例如机器中的零配件和整机之间。而关系则是实体之间可能存在的各种类型的连接。无论是实体还是关系都可以具有多种属性，属性是事物无法独立于实体和关系而存在的性质。属性包括具有反映标记功能的名称类，反映排序序列的序数类，反映数据值之间差距的间隔类以及反映两者之间比例的比率类几种类型。所以实体—关系模型中的待表征对象就是实体、实体之间的关系以及实体和关系的各种属性。

根据节点（实体）之间的不同关系，可以将节点—链接图的布局分为 4 种基本形式：分层布局、网状布局、环形布局和中心布局，如图 2-8 所示。图中（a）表示的是分层布

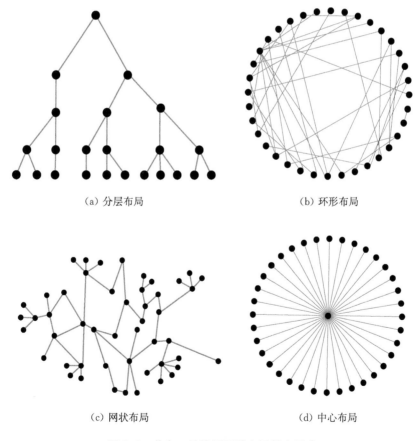

（a）分层布局　　　　　　　　　　　　（b）环形布局

（c）网状布局　　　　　　　　　　　　（d）中心布局

图 2-8　节点—链接图四种布局基本形式

局,它代表节点之间的父子系关系,即节点之间具有逻辑上的先后性,一些节点先于其他节点而存在,例如植物的门、纲、目、科等植物系统图。图中(b)表示的是环形布局,它可以表征一组节点的多种属性上的关系,通过交互式操作可以进一步查询其关系属性,而这些节点之间在层次地位上是相同的,例如多方会谈上的话题讨论示意图。图中(c)表示的是网状布局,其节点之间没有固定的顺序,根据节点之间某种属性关系的远近来排列布局,例如 LAN 上的网络结构表征。图中(d)表示的是中心布局,这些节点之间无逻辑上的先后性,它可以表征一个中心节点和一组节点之间的某种属性的关系,例如某个公司及其合作工作关系图。

这 4 种基本布局形式代表了 4 种节点关系,在大数据可视化中有很多的布局实现形式,但其本质都从属于这 4 种节点关系的布局。例如可视化中常见的一种面积树图,它是分层布局节点关系的另一种表征方式。面积树图虽然看起来和一般的基于封闭轮廓和连接线的节点—链接图差别很大,但本质上是相同的。面积树图的算法是首先根据树的根开始的分支的数量,将该矩形于垂直方向上分区。接下来,每个子矩形再进行类似的水平方向上的划分,然后再进行垂直方向上的分区,将此过程重复到树的"叶"级别。树上每个叶的面积对应于存储在那里的信息量。图 2-9 表示的是一个相同层次结构的面积树图(a)和点—边表征(b),从中可以看出面积树图的特点。与常规树视图相比,面积树图的巨大优点是采用空间填充的方法,当数据量巨大的时候可以平行展示包含数千个分支的"大树"。树图中的每个分支上的信息量都可以通过视觉区域划分来呈现。面积树图的缺点是分级结构不如在节点—链接的树图中[图 2-9(b)]那样清楚,我们可以将面积树图看作是节点链接图的特殊形式。

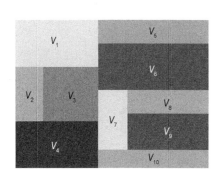 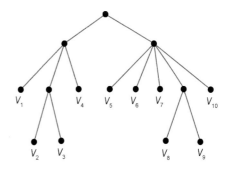

(a) 面积树图形式　　　　　　　　　　(b) 点—边形式

图 2-9　相同层级关系的面积树图和点—边表征形式

节点之间的关系按照相互作用关系分可以分为相互之间有向关系和无向关系两种,其对应的图形式则为有向图和无向图(图 2-10)。在有向图中,一条有向边是由两个定点组成的有序对。以图 2-10(a)为例,其节点集和边集则分别为:$V(G)=\{v_1,v_2,v_3\ v_4,v_5\}$;$E(G)=\{\langle v_1,v_2\rangle,\langle v_2,v_1\rangle,\langle v_2,v_4\rangle,\langle v_1,v_3\rangle,\langle v_3,v_5\rangle\}$。节点本质上具有属性度数,该属性度数是到达该节点的链接的数量。在有向图中,根据方向存在两种类型的度数:入度和出度。图 2-10(a)中节点 V_2 的入度和出度分别为 1 和 2。无向图如图 2-10(b) 所示,其每条边都是没有方向的,其中 (v_6, v_7) 和 (v_7, v_6) 表示同一条边。

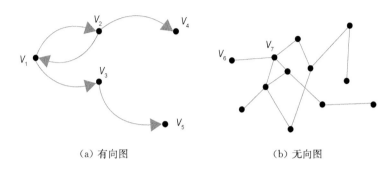

（a）有向图　　　　　　　　　　（b）无向图

图 2-10　基于链接关系的节点—链接图类型

2.3.3.2　节点—链接图的表征维度

与信息内容中实体—关系模型相对应的节点—链接图中待表征的维度涉及节点、关系以及节点属性和关系属性四种维度类别,需要构建出易于感知的节点、链接及其属性的可视化图形。这其中包括一些模式化的可视化语法,这些语法符合认知图示中对于模式的理解,详情见表 2-2。可视化的视觉呈现就是用图形化的方法来定性或者定量地表征这些特征。

表 2-2　节点—链接图中的可视化表征语法

类型	语义	图像编码方法	维度性质
节点	实体、物理对象	封闭轮廓	定性表征
	节点子集	封闭区域内分割线	
节点属性	实体、物理对象的某个类型维度	封闭轮廓形状	定性表征
		封闭区域色彩	定性表征
	实体、物理对象的某个维度数值	封闭区域大小	定量表征
关系	附属实体、部分的关系	附加封闭轮廓	定性表征
	实体的包含关系	封闭形状内嵌封闭轮廓	定性表征
	节点信息之间某个属性维度上的顺序	空间上有序排列的封闭轮廓	定性表征
	节点信息之间的关系	封闭轮廓之间的连接线	定性表征
	节点信息之间的群组关系	封闭轮廓之间的空间相近	定性表征
关系属性	节点信息之间的关系类型维度	不同线型	定性表征
	节点信息之间某个维度上的关系强弱	连接线宽度	定量表征
	组件、节点之间的相互作用关系	标签、插槽	定性表征

采用这些被广泛接受和应用的可视化语法可以让用户跨领域地快速建立起对图形信息的知识感知。但是由于大数据的特点,增长的数据尺寸和不均匀密度所导致的视觉杂乱和拥堵会严重削弱节点—链接图的可读性[81]。路径的相交以及节点的重叠也会大幅度加重大数据可视化的认知困难。在大部分现实世界网络中,例如社交网络和生物网络,都表现出明显的长尾分布特征,该特征亦会加重页面的空间局限性以及增加图像的视觉杂乱感[82]。对于改善界面布局上的杂乱感目前常见的方法是边优化和力导向布局。

图 2-11 是两组节点之间线性关系的表征示意图,其中图(a)是没有对边的线形进行优化的可视化结果,而图(b)则是采用了边的线形可视化技术后的输出结果,其他表征都保持一致。可以看到,图(b)中所有连线按照节点序列的法线方向生长,其交叉区域被限制在一定范围内,优化后的线形减少了画面的杂乱感,人们也更容易感知数据的整体趋势以及查找特定关系。

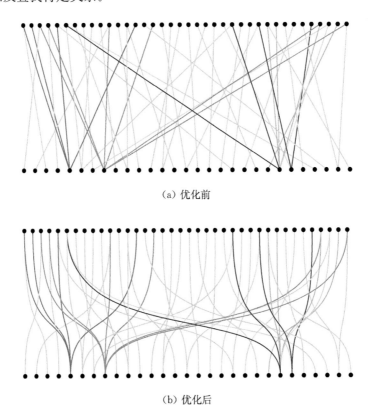

(a) 优化前

(b) 优化后

图 2-11　可视化边线形优化技术示意图

和自然界的群集行为一样,网状结构的可视化图形如果想要更有利于被人们所感知,也应当遵循三个基本原则:一是和相邻物体不簇拥在一起的分离性原则;二是根据相邻物体平均运动方向调整自身运动方向的同向性原则;三是对于远距离个体之间,每个个体都有着向相邻物体中心位置运动的聚合型原则。因此,基于群集行为的力导向布局(图 2-12)通过节点之间的反复迭代计算,将距离过长的边拉近,排布过于紧密的点相对分散开来,以达到视觉上的可区分[83]。

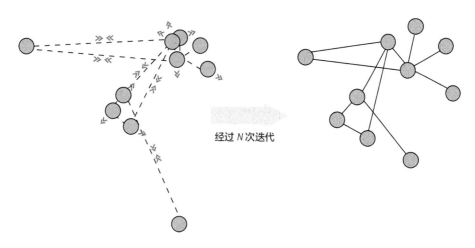

经过 N 次迭代

图 2-12　力导向布局原理示意图

2.3.3.3　信息节点和信息维度的筛选与过滤

边优化和力导向布局等优化算法可以减少页面上的视觉杂乱感,有利于用户感知整体信息结构,但是这种优化并不能解决数据尺寸和密度的问题。对于密度过高的大数据可视化,解决页面局限性的方法是采用交互的手段,促使节点—链接图支持不同比率下的显示。也就是在页面上对信息维度和信息维度中的节点进行筛选和过滤,其支持策略包括:聚类、过滤和采样。这些策略可以有效地将分层后的结构映射到二维布局中。例如分层组织网络布局[84]、树图的分层组织图[85]等都是采用这种思路来减少单页面上的复杂度。

(1)聚类

可视化中图像的聚类是从节点和边的集合中抽取群组以减少图像的复杂度,包括基于节点和边的聚类方法。基于节点的聚类法是将相邻节点合并在一起形成一个分层结构组织。例如,以字形来表征多类型的群组信息集合[86]。基于边(链接)的聚类是将近似方向的线通过算法的优化在视觉上靠近或者合并以减少交叉带来的视觉杂乱感[87]。

(2)过滤

可视化中图像的过滤是指在尽量保留图形语义的情况下从原始图中提取子图集。既可以抽样随机选择节点和边缘进行随机过滤,也可以通过节点和边缘具体的拓扑性质进行确定性过滤[88]。确定性过滤通过移除与图形的中心连接不够紧密的节点和边缘来减少图像复杂度,其中和中心节点的紧密度可以依靠最短路径的数量或者到中心节点的距离等指标来确定[89]。

（3）采样

与图像过滤有所区别的是图像采样策略，采样是随机选择要构造的节点或者边，用采样后的节点和边所可视化出的相对小型的图像来代表整图。图像采样策略中的抽样方法分为三类：基于节点的采样、基于边缘的采样和基于遍历的采样。基于节点的采样包括随机节点采样（Random Node）和随机等级节点采样（Random Degree Node）[90]。随机节点采样中每个节点被采样的概率相等，而随机等级节点采样中一个节点被采样的概率和它的等级成正比，高等级的节点更容易被保留下来。基于边缘的采样机制包括随机边缘采样（Random Edge）、随机节点—边缘采样（Random Node-Edge）和随机边缘—节点采样（Random Edge-Node）[90]。随机边缘采样是等概率地选择一定比率的边缘进行采样；随机节点—边缘采样是先随机选择一个节点再随机选择该节点上相连接的边缘；随机边缘—节点采样则是先随机选择一组边缘再随机选择部分这些边上链接的节点。遍历是指从某个顶点出发，沿着某条搜索路径对图中每个顶点各做一次且仅做一次访问。基于遍历的采样是基于拓扑的抽样，它的优势在于采样后的图像中节点之间的连接性能够得到保持。其中根据保留节点的优先度，又可以大致分为深度优先（Depth First）和宽度优先（Breadth First）两类。

图形的聚类、筛选和采样机制对于可视化的视觉结果影响是巨大的，同时图像尺寸（单页面所含节点数目）、初始种子设置等都会改变渲染结果。可以从图 2-13 中明显感

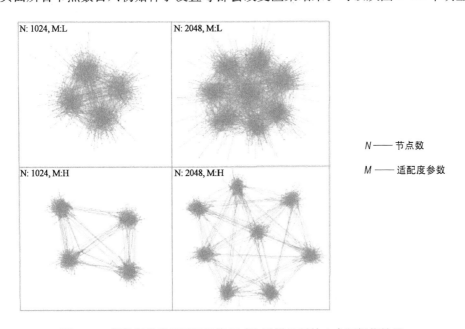

N —— 节点数

M —— 适配度参数

图 2-13　某数据集基于不同图像尺寸和采样机制的 4 个可视化结果

（图来自 Wu，2017[91]）

受到这种差异。它展示了某数据集调整图形尺寸参数和两种簇等级参数下所得到的看起来差别明显的 4 种可视化结果,左边两张图是 1 024 个节点数和 4 个簇,右边两张是 2 048 个节点数和 8 个簇,而下面两张图的模型适配度参数更高。图 2-13 可以清晰地看到大数据可视化中聚类、筛选、采样机制对可视化结果和用户对数据整体感知的巨大影响。

2.3.4　大数据可视化中的信息感知要素

从表 2-3 中可以看到,用户对于节点—链接图的感知任务既覆盖了对整体数据集的把握,例如计算派生值、排序、分布特征、相关性,还包含对数据集中的部分感知,例如过滤、确定范围、簇感知等,以及对局部细节的探索,例如检索量值、寻找极端数据、寻找异常值、连接性等。

表 2-3　节点—链接图中的用户图像感知任务描述

感知需求类型	序号	任务名称	描述性解释
局部感知	1	检索量值	找到既定实例的某种具体属性值
	2	寻找极端数据	在一个数据集中找到某个属性值严重超出某一范围的数据
	3	寻找异常值	识别出一组具体数据集在某种关系或者期望下的异常实例
	4	连接性	对于一个既定节点或者链接,找到与之相关的节点或链接
部分感知	5	过滤	以某种属性特征为依据,找到符合这些特征的数据实例
	6	确定范围	针对一组具体数据集的某个兴趣属性,找到其量值的分布范围
	7	簇	对于一组具体数据集,找到具有相似属性值的簇
计算派生	8	排序	对一组具体的数据集,按照某种属性量值进行顺序排列
	9	计算派生值	对一组具体的数据集,计算出其衍生数值,例如均值、计数等
	10	分布特征	对于一组具体数据集的某个定量兴趣属性,表征其量值的分布状况
	11	相关性	对于一组具体数据集的两种或以上的属性,确定这些属性值之间的有价值关联

数据挖掘方法必须通过可视化的视觉表征才能为人们所感知和注意到。从图 2-13 中可以看到不同的采样参数设置的情况下得到的可视化结果差异很大。那么人们不禁要问,究竟从节点—链接图中可以感知到哪些视觉要素?哪些视觉要素才是对人们理解数据最重要的呢?可视化中的感知要素和用户的任务目标直接相关。表 2-3 列举了节点—链接图的 11 种用户感知任务,从这些任务可以引申出 3 个最基本的信息

感知要素:簇感知、异常点感知和趋势感知。大数据的节点—链接图既要求整体数据感知又要能够观察到重要的细节。节点—链接图强调的是关系的表达,而对于整体的感知可以看出局部之间的相互影响关系。异常点代表重要的细节,簇感知和趋势感知则是对整体的把握。

(1)簇感知

大数据的节点—链接图中一个重要的构成要素就是簇。簇是在空间上靠在一起的一组对象,是内部节点之间紧密连接,而和外部节点拥有很少连接边的节点空间集群。通过对簇的感知,可以概览到空间上聚合的节点群,并且帮助用户思考"为什么这些节点聚在一起?",从而从整体上把握数据。

基于簇空间分布上的节点感知包括对高等级节点、边缘节点和边界节点的感知,语义差异上的异常点包括阳性错误节点、阴性接近节点和阳性远离节点[92]。对于可视化图形来说,簇可以看作内部节点具有高连接性的连接组件的子图。它在真实世界的图中非常常见,可以作为可视化图形中重要的视觉感知地标。从格式塔心理学角度来说,簇可以被看作是低水平上的视觉近似、连续和闭合的感知集合。

(2)趋势感知

趋势是描述可视化中视觉元素的数值变化的方向和强度的基本特征。趋势的感知是大数据可视化的一个重要目的,视觉化的图形可以让用户快速感知信息关联属性和发展方向。视觉形状的产生必然成因于数据中各种属性之间的某种特定的关系。例如环形代表一种径向趋势,表示两种数据属性之间的相互补偿制约;而一个狭长的簇可以暗示两种属性之间的线性回归关系等。

(3)异常点感知

节点中的异常值对于理解数据和检验数据都有着重要的意义,可以通过思考这些点产生异常的原因,来找到大数据中蕴藏的内在价值。大数据中的异常点即具有感知意义的节点从簇空间分布上来说包括高等级节点、边缘节点和边界节点;从语义差异上包含阳性错误节点、阴性错误节点、阳性远离节点。

图 2-14 中对各类型的异常值节点做了图示表述。高等级节点是数据集中拥有更高父系(树图)水平或者更多链接(网图)的少部分节点。边缘节点是相对更加衍生层子系(树图)或者较少链接(网图)的节点。而边界节点是数据中不同簇之间桥接的节点。阳性错误节点是位于一个簇或者其他视觉特征内,但是在语义上却不属于该簇或视觉区域特征。阴性接近节点是指虽然空间上接近某视觉特征,却由于一个或很少维度上的差异而使得该节点被排除在簇或其他视觉特征以外。阳性远离节点是指那些不属于任何簇或其他视觉特征,但是其深度值又不足以被定义为一个簇或其他视觉特征的节点。例如,异常值节点在算法上可以简单解释为,如果一个节点的 k 个维度值和某簇内所有节点 k 个维度值的均值的差异高于一个标准差 $f_\sigma k$,则可以定义为该节点 e_i 为异

常值节点,即

$$e_i = \mid \alpha_k^j - \mu_k \mid > f_\sigma k \qquad (2\text{-}1)$$

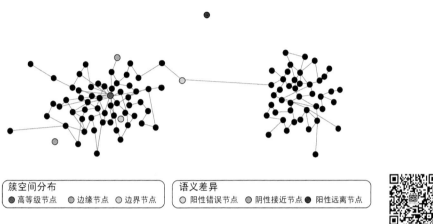

簇空间分布	语义差异
● 高等级节点　● 边缘节点　○ 边界节点	○ 阳性错误节点　● 阴性接近节点　● 阳性远离节点

图 2-14　节点—链接图中的异常值节点感知类型

　　理解大数据中的信息维度是大数据可视化的基础。可视化通过视觉呈现实现数据—视觉呈现—知识之间的映射关系,通过对大数据可视化中的信息感知要素的分析,可以在认知和数据之间构建关联,实现基于认知的大数据可视化呈现的科学分析。

本章小结

　　大数据可视化中的信息特征是研究大数据可视化的必要基础。本章从大数据特征入手,对大数据可视化及信息流的概念进行解释。大数据的涵盖范围广泛,本章从结构化与非结构化数据、时空与非时空数据以及大数据的高维多元属性三个方面对大数据的分类特征进行归类概述。本章重点分析了大数据中的信息维度,从元数据维度和本体内容信息维度两个部分来阐述信息维度的内涵,最后提取节点—链接图中的感知要素,为大数据可视化认知研究打下基础。

第三章

大数据可视化中的人机复杂认知模型

人是大数据可视化认知的主体,本章具体论述大数据可视化中人的认知空间。大数据可视化是一个较为典型的复杂视觉任务,在对视觉任务的研究中,有两种不同的假设都得到了广泛的认可。一个是自下而上的视觉凸显性假设[93-94],低水平上的视觉碎片(例如亮度区域、边缘、色彩等)直接作用于人的视觉。另一个是 Yarbus 等[95-97]所倡导的自上而下的认知关联假设,认知任务促使眼睛注意到视觉中的信息相关区域。这两个假设都关系到可视化的设计,本章从自下而上和自上而下两个方面分析可视化中的视觉注意特征,并提出人机协同作业的复杂认知模型。

3.1 人类视知觉特征

3.1.1 视知觉进程

视觉为人类提供了 80％以上的信息来源,而作为基于屏幕显示的大数据可视化,是几乎完全建立在人的视知觉系统之上的。神经学家经过多年的研究已经证实了大脑具有很多的专业区域。图 3-1 显示了高级灵长类动物和人类的大脑参与视觉处理的多个部位之间的主要神经通路[98]。可以看到大脑像是一个高度专业的并行处理器与高带宽连接体的集合。整个系统可以帮助人们从客观世界中提取信息,一些基本的元素对于人的视觉系统来说是必不可少的。例如,真实世界中一只竖条纹的猫会激发视觉的垂直边缘探测器,从而产生视觉对象为一个猫的视觉感知。客观世界由各种各样具有明确表面形状、纹理、色彩的物体所构成。这些客观视觉对象具有时间上的持久性,不会随机出现或消失。在一个更基础的层面上,可以说光线照射到物体并产生反射。解剖学和损伤研究都表明了大脑中这些视觉结构是独立于文化之外的,在人类甚至灵长类和猫科动物中具有同一性[99-100]。

可视化的视觉设计既基于统一的视知觉特征,又牵扯到与文化和知识相关的可视

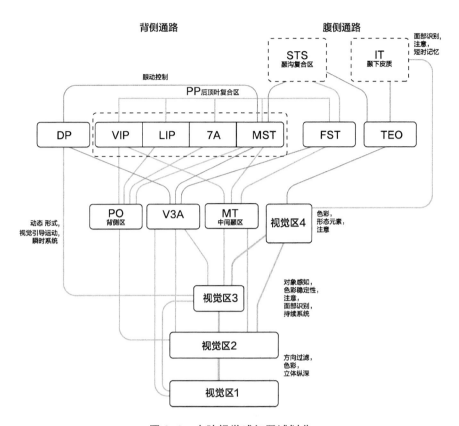

图 3-1 大脑视觉感知区域划分

(图译自 Distler C,1993[98])

代码。比如说电子设备中电路图上的规范化标记、化学分子式、工程制图上的标准标注等都属于需要知识和文化基础的可视代码。即不同的知识体系会对可视代码具有不同的接受度或者不同的理解,例如地质学家感知地表地形结构的理想方式是等高线图,而对于普通大众来说用阴影表示则更加直观;西方人对红色保持极高的警惕,而中国人在某些情况下将其理解为喜庆。

人的视觉感知过程可以简化为一个三阶段模型。第一阶段中信息并行处理,从环境中提取基本特征;第二阶段从视觉对象中抽象出结构并将视觉场景分为不同色彩、纹理或者运动特征的多个区域;第三阶段注意机制参与,将信息简化到只有少数几个视觉对象进入视觉工作记忆来形成视觉思维基础。

(1)第一阶段:并行处理进程以提取视觉场景中的低水平属性

视觉信息首先进入眼睛中的神经元阵列和脑背部的初级视觉皮层组织。不同的神经元处理既定类型的视觉信息(见图 3-1),在这一阶段中,数十亿个神经元快速并行处理具有瞬态性的视觉信息。该阶段可以称为特征抽象阶段,是根据视觉形式的原始元素来分析可视图像,包括方向、纹理、运动方向、颜色和立体深度等。该阶段是没有人们的主观选择参与的,是自下而上的处理过程。

（2）第二阶段:模式感知阶段

在此阶段中视觉处理系统快速地将视野分为不同的区域和形式,例如连续的轮廓、相同色彩或纹理所分隔的区域。与此同时,在第一阶段所获取的大量信息在自上而下的视觉注意驱动下识别出信息模式[101],包括对运动的注意。关于此阶段有一个双视觉系统假设,即一个视觉系统用来处理运动和动作,另一个视觉系统用来进行物体的图像符号化识别[100]。与第一阶段不同的是,本阶段是相对慢速的串行处理过程,该过程有工作记忆和长时记忆的参与,并且将自上而下与自下而上的注意机制相结合。

（3）第三阶段:序列化的目标导向进程

在最高的感知水平上,视觉对象保持在工作记忆中。为了理解外部的可视化,大脑构造出一系列的视觉查询,通过视觉搜索策略来寻找答案。由于工作记忆广度的限制,视觉工作记忆中只能同时保存很少的几个视觉对象。这些视觉对象是由视觉查询答案提供的可理解模式所构造出来的。比如说当人们需要查询节点—链接图中两个节点之间的关联时,那么视觉查询会触发两个节点之间的连线线条。

从图3-2中可以看到,在视觉感知进程的最低阶段是将视觉场景大规模并行处理成形式、颜色以及纹理和运动的元素。在中间阶段是形成图案、获取主观视觉对象和模式感知的基础。在最高阶段,注意机制通过构建一系列的视觉搜索从而得到视觉对象和关键模式。在感知进程的不同阶段信息处理的方式存在根本差异。在早期,是从下而上地对整个视觉区域的信息大规模并行处理。在第三阶段即顶层中,只有3～5个对象(或图案)保持在视觉工作记忆中。第二阶段的模式感知是灵活的中间地带,从功能模式中来提取视觉对象。视觉感知进程的三个阶段对于研究可视化是很有意义的。在这三个阶段中主观注意是逐渐进入和参与的,屏显信息中特征图元基本的自下向上的处理需要满足自上而下认知感知的过程。这就要求一些必要信息能够在第一阶段就吸引视觉注意形成凸显信息,在第二阶段中视觉信息的编码要符合人们对模式的感知,能够方便人们在第三阶段成功构建视觉查询并通过交互的方式找到结果。

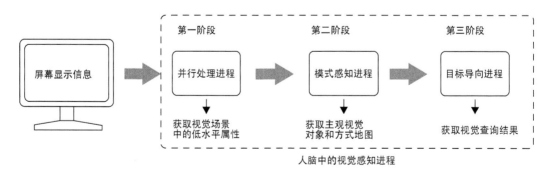

图3-2　人感知屏显信息的视觉感知进程三阶段

3.1.2 视觉注意和信息凸显

眼球充当着视觉信息探测器，由人的认知系统所控制的注意来扫视整个视觉世界。可视化中，可以用一个图符来代替不同的点表示不同类型的节点信息，用来传达多种数据属性值。例如在常见的股票数据可视化中，可以用图形的色彩表示涨跌状态，用图形的大小来表示涨跌幅度。如果采用某种方式所表征的有意义的股票能够很容易抓住分析师的眼球，那么可以说这种工具设计是有效的。但是，怎样的表征方式才能让图形凸显呢？这就和视觉注意息息相关了。人们可以在小于1秒的时间内在500像素×500像素白点矩阵中检测到单个黑色像素，也可以快速地在嘈杂的背景中识别出猫的形象。人类的视觉系统有着强大的平行搜索能力。注意力同时包含低水平和高水平两种特征。本节主要探讨自下而上的低水平属性。

就像刚才所说的黑像素点和猫的例子，有些视觉元素可以在暴露时间非常短的情况下快速被符号化。在视觉感知的第一阶段，所有的视觉元素同时进入视觉系统，此时这些简单的形状或者色彩就从周围环境中凸显出来。这种视觉凸显机制称为预注意处理，因为逻辑上它发生于有意注意之前。预注意处理提供了需要占用注意资源的视觉对象。视觉科学对于可视化最大的贡献就是对于预注意处理过程的解释。如图3-3所示的是经典的能够说明预注意处理所导致的视觉凸显性案例，A组和B组中的数字和排列完全相同，当需要搜索所有的3时，A组需要顺序扫描所有数字；而B组只需要扫描黑色数字，因为色彩进入了视觉预处理。

A组 84510485419389085015862472874056816565623904576891579471
90618167568237487382493827320910754656215817823742948501
09816471536547787851974534757498769301676789526878590185
45816590148759819009286378617164736589187877593750918723

B组 84510485419**3**89085015862472874056816565623**3**904576891579471
90618167568**3**7487**3**8249382**7**3209107546562158178**2**3742948501
098164715**3**65477878519745**3**4757498769**3**01676789526878590185
45816590148759819009286**3**78617164**7**3658918787759**3**75091872**3**

图3-3 视觉预注意处理在视觉搜索中的作用案例

从这个示例可以清晰地看到视觉预注意处理对于可视化的重要性。在展示信息的时候，在最初的一瞥就能让有用目标和背景产生分离，让人们迅速注意和识别一些标识。预注意处理是测量从早期视觉进程中提取原始特征的一个途径[102]。在可视化中，希望每一种信息维度的符号都能快速区别于其他干扰物的表征符号。心理学家因此做了数百个实验来测试各种可以被预注意处理的特征。预注意处理的图像特征可以分为形态、色彩、运动和空间位置四大类。形态包括线的方向、线的长度、线的宽度、线条的一致性、尺寸、曲率、空间群组、模糊、附加标记、共线性、轮廓形状；色彩包括色相和强度

(与背景色的对比度);运动包括闪烁和运动方向;空间位置包含空间包容性、立体纵深、明暗凹凸。

图 3-4 列举了形态、色彩和空间位置三类视觉凸显性表征示意,由于闪烁和运动方向的运动类视觉凸显性无法在同一帧页面中平行展示,因此第四类在图 3-4 中被省略。从图例中可以清晰地看到这种视觉凸显性的意义,即通过最早期的视觉扫视就能够将目标物从干扰物中分离出来,引起用户的视觉注意。图 3-4 中最后一行是非视觉凸显性的实例,两个视觉对象之间的相交和平行的关系无法在第一时间获得人们的视觉注意,需要仔细观看才能做出差异性判断,因此不属于视觉凸显。

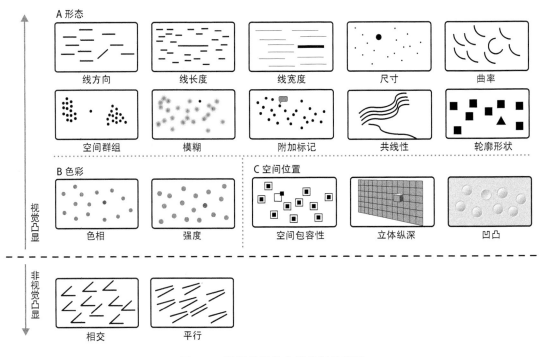

图 3-4　视觉凸显性分类表征示意图

但是图 3-4 中所列举的各视觉凸显性的展示设计也并非是绝对意义上的,决定某个目标事物是否具有凸显性最重要的是目标与干扰物之间的差异程度以及各种干扰物之间的差异程度[103]。例如,同一屏幕中过多的色彩编码会降低目标物的搜索绩效,而过多的三维深度编码也会使对目标物深度的感知变得缓慢。图 3-5 以色彩对比中的色相对比为例来说明展示维度的差异程度对视觉凸显性的影响。图 3-5(a)中目标物即红色圆点很容易从绿色圆点干扰物中分离出来属于视觉凸显性设计,而在(b)中将目标物与干扰物的差异降低,则相比于前一张图目标物变得难分辨一些,而在(c)中虽然目标物和(a)中完全一样同干扰物色彩差异明显,但各干扰物之间的差异很大,因此目标物和干扰物之间仍然难以区分。因此,视觉凸显既关系到编码方法又关系到展示维度中目标物与干扰物以及干扰物之间的差异程度。在大数据可视化中,根据用户需求的不同,干扰物和目标物之间会相互转化,这就要求采用交互的方式来控制屏幕展示信息以产生理想的视觉凸显。可视化中复杂的认知任务往往是建立在视觉凸显性设计之上的,例如在地图可视化中往往会出现面积估算的任务,如果采用视觉凸显设计来区别目标区域和干扰区域,那么可以大大加快任务进程和精确率,即提高整体任务绩效。

 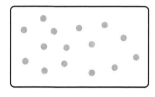 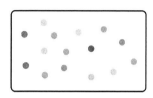

（a）目标物与干扰物之间 　（b）目标物与干扰物之间 　（c）目标物与干扰物之间的色彩
　　的色彩色相强对比 　　　　的色彩色相弱对比 　　　　强对比以及干扰物之间的
　　　　　　　　　　　　　　　　　　　　　　　　　　色彩强对比并存

图 3-5　目标物与干扰物色彩对比强度对视觉凸显性的影响

3.1.3　视觉工作记忆

人类的记忆可以被看作一个信息处理系统。它包含三个基本组成部分:感觉记忆、短时记忆和长时记忆。如图 3-6 所示,外在信息首先通过感觉记忆进行处理。只有被注意捕获的信息才能够进入短时工作记忆中被处理。为了记住感觉记忆中输入的信息,需要从长时记忆中提取有效的认知策略,这时长时记忆中的信息就被回想至工作记忆中。这种回想的认知策略可以被看作是认知图式。而在信息处理进程中的瓶颈就是工作记忆的持续性和容量。工作记忆的容量极其有限,"7±2"就是工作记忆广度最著名的理论[104]。

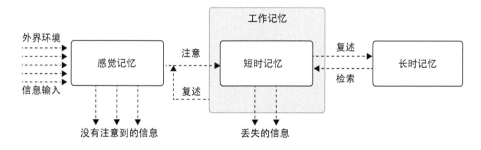

图 3-6　记忆中的信息处理进程图

在 3.1.1 节中所述的视觉感知三阶段模型中,从第一层的全部视觉信息平行进入感觉器官到第三层后只有少数几个视觉对象保存在视觉工作记忆中。在这个感知、提取和抽象的过程中,工作记忆是其中重要的感知资源。和视觉关系最密切的认知资源叫作视觉工作记忆(Visual Working Memory)。工作记忆广度的限制和大数据的高维多元之间的矛盾是大数据可视化亟待解决的根本矛盾。工作记忆是复杂信息临时存储和信息控制的基础,是可以影响人们的理解能力的[105-106],是决定认知效果的关键因素,研究表明工作记忆广度和学习能力高度相关[107-108]。人的其他认知能力是远高于工作记忆存储的,因此工作记忆可以说是人们理解和学习的一块短板,也是决定其整体认知能力的关键因素。那么一个复杂的大规模数据集的可视化,其图元视觉表征机制必须要有利于人的工作记忆。

目前对于工作记忆的研究是建立在 Baddeley 所提出的工作记忆系统假设之上的[107]。按照他的理论,工作记忆包含语音环、视空间画板、中央执行器、情景缓冲器等四个子系统,其关系如图3-7所示。语音环系统既可以处理外部语音输入信息,也可以将视觉信息转化为语言信息存储在语音环子系统内。损伤研究证明了语音环系统与发声输出系统无关,即声带损伤患者仍然可以进行默读语音记忆[109];但是它和语言能力有关系,运动障碍患者无法组织语言,因此就没有默读记忆能力[110]。可以说语言组织程序是语音环子系统的工作基础。视空间画板子系统是临时存储和处理整合的空间信息、视觉信息和可能的动觉信息的一个表征。中央执行器的作用是注意控制。情景缓冲器将来自不同模态的信息组合成单个的多面代码来进行信息的临时存储。

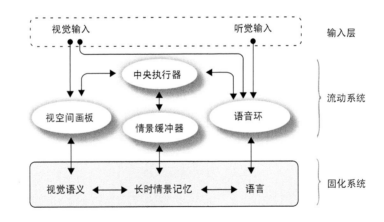

图 3-7　工作记忆多成分模型

工作记忆中同时包含处理和存储两个方面[107,111],对于这两者的关系,学者们曾提出一个任务转换资源共享模型[112-113]和一个时间推移资源共享模型[114]。这两者并没有本质上的区别。对于资源共享模型来说,处理和存储竞争着有限的工作记忆广度资源。随着时间的推进,注意力从处理临时存储信息逐渐转换到检索新信息中,还需要刷新衰减的记忆痕迹来帮助回想。

相对于图 3-7 的工作记忆多成分模型,视觉工作记忆是一个相对模糊的提法,但对于基于屏幕显示的大数据可视化来说,它是具有针对性的工作记忆描述。视觉工作记忆是视觉思维中最关键的认知资源。视觉工作记忆最大的特点就是其记忆广度的局限性。在视觉工作记忆中,只有少数的 3~5 个简单视觉对象或模式可以被激活,视觉对象的注意转移需要耗时 100 ms。这种视觉工作记忆广度的局限性使人类无法同时处理多个视觉对象。

因此,很多当前常用的高维数据可视化技术,例如平行坐标轴(图 2-5)、星级坐标、散点图矩阵(图 3-8)等虽然能够平行展示多个维度的信息,却不太符合人类的认知特点。如图 3-8 所示的一个散点图矩阵可视化以矩阵的方式平行展示了多个二维散点图,这种排布方式可以增加展示维度,把多个维度的二维散点图放在同一个页面中来展示。但是由于人类的工作记忆广度具有局限性,只能在工作记忆中保持少数几个视觉对象的激活状态,无法对更多的信息进行同时比较和加工。图 3-9 是一个由 10 组信息组成的最简单的折线图示意,当我们试图读取该图的时候会发现需要反复地回到图例

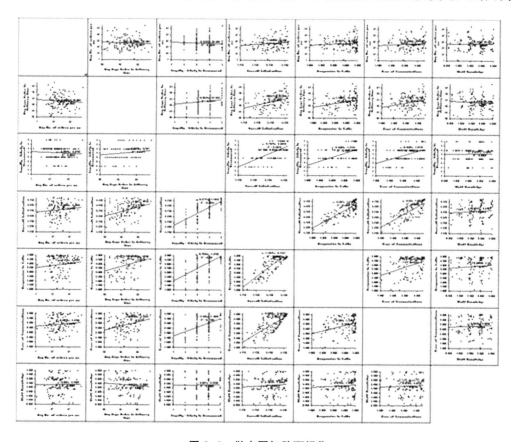

图 3-8　散点图矩阵可视化

(图片来自 http://www.sigmaxl.com/ScatterPlotMatrix.shtml)

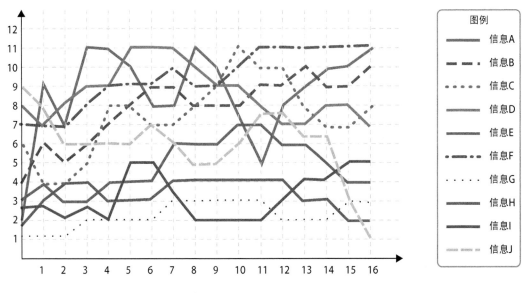

图 3-9　由 10 组信息组成的最简单折线图示意

中查询线型所代表的图形对应关系。这是由于该可视化图像的 10 组信息数量已经超出了人类的工作记忆广度,该示例可以清晰地反映出人类记忆广度的局限性。正是由于人类工作记忆广度极其有限,所以在可视化设计过程中要充分考虑到这一特点,尽可能减少需要占用临时存储的内容,并采用习惯的展示模式将需要对比的内容设置在同一显示区域内。另外要合理分配人机协作,例如将需要间歇性指示的事件由计算机来提醒,而不是保持在人脑的工作记忆中。

3.2　可视化中的认知模式

3.2.1　大数据可视化的认知任务

大数据的可视化可以给用户提供理解大型数据的能力。可以用很少的时间获得超过百万次测量而得到的重要数据信息。大数据可视化可以通过多个维度信息的平行展示允许用户感知到未预期的突发属性。通过可视化,大数据本身的问题变得显而易见,大数据不仅仅揭示数据本身,也会暴露出收集数据的方式中存在的问题。通过适当的可视化,一些数据中的错误、异常值和伪像会脱颖而出,这对于质量控制和数据检验都是非常重要的。通过可视化,研究者和分析师容易得出一些可能的假设。

大数据可视化所针对的对象是需要感知数据的"人",包括科学家、分析师、政府机构等。而人的信息需求是柔性的,它既要求对大数据系统有一个全局的了解,也需要对某些具体的关键点进行细致刻画。那么,依据用户对大数据系统中信息的需求情况,如何直观、有效地对信息进行融合表征,达到一种"杂而不乱、繁而不冗、互利共生"的认知效果,正是大数据可视化研究亟待解决的核心问题。动态交互式展示的大数据可视化,其交互的目的应当是满足用户对于数据挖掘的需求。用户的认知任务是多样的,包括:在图中寻找路径、数量的估计、量值的估计、趋势的估计、聚类识别、相关性鉴别、异常值检测和表征、目标检测、结构模式的识别(例如层次、耦合度)等。

可视化中的信息呈现方式应当是容易感知的,其视觉要素可以快速进入视觉处理进程中。界面的认知影响应该降到最低,用户需要思考的是问题本身而不是界面。界面应当更加经济,低消耗,且可快速地获取知识。针对人类认知的柔性需求,在有限的界面空间中进行有效的降维呈现,最终实现对巨量复杂信息分层,快速过滤并高效决策,使用户建立信息感知,高效地进行信息交互。

3.2.2　认知图式的同化和顺应

心理学家认为图式(Schema)是人脑中已有的知识经验网络,它是包括动作结构和运算结构在内的从经验到概念的中介,是主体内部的一种动态、可变的认知结构。瑞士心理学家皮亚杰在此基础上提出了认知图式理论,发展是个体在与环境不断地相互作用中的一种建构过程,其内部的心理结构是不断变化的,而图式正是人们为了应付某一特定情境所产生的认知结构[115]。认知图式是认知主体凭借对象性活动逐步建立起来并不断完善的概念框架和思维定式,它体现了主体能动地反映客体对象的一种能力,是主体认识和改造客体的规则、程序和方式。每个人头脑中都存在大量对外在事物的结构性认识,认知结构是指人关于现实世界的内在的编码系统,是一系列相互关联的、非具体性的类目,它是人用以感知、加工外界信息以及进行推理活动的参照框架。

可以说图式和通常所说的概念类似,它所描述的知识由一部分或者几部分按照一定的方式组合起来,而这些框架性的结构必须用具体的内容来填充。认知图式具有一般性、知识性、结构性的特点。一般性是指图式是由个别中抽象出来,但是又具有普遍意义,可以迁移到另外的个例中使用。知识性是指图式是被表征了的人的知识,人们的文化背景、理论观点都会影响其对于知识的理解。结构性是指图式为各知识节点按照一定联系而形成的层次网络,可以相互包含。

人具有天生的模式倾向性,会在复杂图案中寻找可以辨识的、具有含义的模式。这是一种与生俱来的对规律寻找的倾向,或者说寻找规律的需求[116]。认知主体在面对一个陌生的事物时,会根据记忆中原有的知识结构来寻找一个思维或者行动模式来匹配到新事物中,是一种"模式匹配"的过程,这个过程也是认知图式的作用过程。在外界信息输入后,认知主体会自动调取可用的认知图式,根据新事物和认知结构的匹配度,而产生同化或者顺应客体信息的过程。如图 3-10 所示,当新事物与认知结构匹配度高时,认知过程出现平衡状态,此时会产生同化效应,新的知识可以对已有认知在结构数量上进行扩充以产生强化后的新图式。而当新事物与已有认知结构匹配度低时,认知过程出现不平衡,此时发生顺应效应,人类通过学习将认知结构性质加以改变而产生出新的图式,使认知过程再度达到平衡。

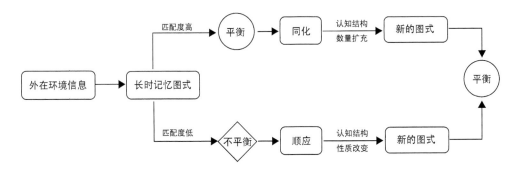

图 3-10　认知图式的同化及顺应作用示意图

认知图式关系到信息获取、理解、记忆、推理、判断和问题解决全过程。认知图式是保存在人的长时记忆之中的,长时记忆包括情景记忆和自动技能,它和视觉系统相集成,能够快速地识别不同的字符和成千上万的视觉对象。影响认知过程的因素除了来自外在环境以外,还包括认知者的经验、动机、兴趣以及情绪等,而认知图式则可以反映出个体之间的差异。在对大数据可视化的理解过程中,认知图式起到了关键性的作用。基于屏显可视化信息内容的特征,可以将参与可视化认知的图式分为关于形态符号的认知图式和关于模式的认知图式两类。

3.2.3　可视化中符号和模式的认知图式

形态符号是构成可视化图形的基本单位,包括主体内容的标志标识、导航组件的通用符号等。形态符号的认知图式与知识结构和经验有关,也包括领域和技术两方面的先验知识。领域的符号认知图式需要使用者掌握该领域内的专业知识,例如飞机航行通用标识符,拥有飞机驾驶知识的人可以快速匹配及实现图式顺应,而非专业人员则需要主动去理解从而形成对该符号新的图式理解。这就要求可视化设计者必须要遵照行业规范和标准来进行具体的符号设计。对于没有统一规范的符号要参照人们之前的使用习惯来优化设计才能够让用户快速激活长时记忆中关于符号的认知图式。需要注意的是,涉及视觉预注意进程的视觉对象不需要激活图式,在视觉感知第一阶段就能够被快速感知到。

符号的认知图式很容易理解,可视化中还涉及一种关于模式的认知图式,包括可视化图元关系架构认知图式、布局方式认知图式、交互操作及反馈方式认知图式三种。图元关系是可视化数据主体的基本布局形式,它代表了各组件之间的基本架构和关系。例如中心辐射图是代表中央节点和周围节点之间的关系架构,而散点图则是代表各个节点在二维坐标内的分布状况。这些常见的图元关系能够为有相关背景知识的人所快速接受,激活相应图式来理解可视化图形。大数据可视化由于其页面局限性特征往往是以一个可操作界面的形式而存在,因此还涉及布局方式的认知图式和交互操作及反馈方式的认知图式。例如,界面中常见的一字形、厂字形的布局方式,将导航条和面包屑引导放置在顶部,将属性栏分组放置等都属于布局方式的认知图式。而在鼠控界面中,当鼠标悬停在节点上时会有叠加显示的节点信息出现,点击连线相应属性关系会高亮显示。这些都属于交互操作和反馈方式的认知图式。

图式的形成依赖于知识经验,也就是说可以通过学习来形成和强化认知图式,大量的心理学实验都证明了通过反复的经验累积而形成图式最终绩效得到大幅度提高的案例。这些案例形成了一个实践法则[117]:

$$\log_2(T_n) = C - \log_2(n) \tag{3-1}$$

其中,C 代表某任务第一次进行时(新手状态下)所耗费的时间,T_n 为第 n 次实践所用时间。研究人员进行了一个读取翻转文本的任务,用户在阅读第一个反转页面时所用平均时间为 15 min,100 次实践后该时间缩短为 2 min,之后的增益就变得很低。按照上面所述的公式,熟悉对数函数的人就可以知道该曲线在 x 轴到达一定数值后趋于平滑。因此我们可以认为,通过一定的反复学习,人们会形成认知图式,一旦认知图式被固化,那么认知加工就能达到一个稳定的高绩效水平。因此在可视化设计中,当必须更改模式时,必要的视觉引导可以帮助用户学习和建立有效认知图式。

3.2.4　可视化中的认知负荷与认知绩效

澳大利亚心理学家 Sweller[118] 将认知负荷定义为一个特定的作业时间内施加于个体认知系统的心理活动总量,它和操作绩效之间存在着显著的联系。Paas 等认为认知负荷是一个多维结构,它代表了人们进行一个认知任务时作用于记忆的负载量[42]。如图 3-11 所示,对可视化的阅读和理解任务而言,造成认知主体认知负荷的原因是多方面的。认知负荷的起因包括领域的复杂性、数据的复杂性、认知任务的复杂性、可视化图像视觉上的复杂性、可视化用户的差异性以及用户读取的时间和环境等因素。其中领域复杂性、数据复杂性和任务复杂性在第二章中有所阐述,视觉复杂性的部分在第四章中论述,用户复杂性在下一节中探讨。时间的复杂性主要指用户在读取可视化时所处的时空特征,该特征影响着理解可视化所需的上下文语境关联[119]。这些起源因子并不是独立存在的,它们之间会产生相互作用,这些相互作用又造就了因子间交互的复杂性。例如,领域的复杂性不是一个可以完全客观评定的因子,它对于具备不同程度领域经验的人是各不相同的,领域和用户之间交互的复杂性对即时认知负荷情况也有着很大的影响。图 3-11 右边所列举的是认知负荷的评价因子,它包括用户投入的认知消耗,可以体现在投入的注意力占比和投入的认知时间上;同时也包括认知获取,即认知的精确度。这三者也是相互作用的,例如增加注意力投入和花费更多的时间都可以提高认知任务的精确度。

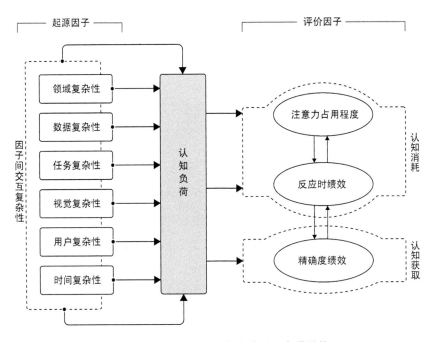

图 3-11　可视化感知任务中的认知负荷结构

在可视化读取任务中,认知负荷、认知绩效和记忆投入三者之间存在一个相关联的模型,如图 3-12 所示。按照用户的认知负荷程度,分为了五个阈值区域,由低到高(图中由左至右)依次为认知负荷过低区、绩效稳定区、投入收益区、绩效下滑区和认知负荷超载区。在最左端的认知负荷过低区表现为可视化图形和认知任务都过于简单,认知主体不需要投入过多的记忆资源即可得到很高的认知绩效。这时由于认知负荷过低,往往会由于缺乏兴趣点而需要努力保持注意力集中。由于大数据的复杂性,大数据可视化的认知任务往往不太可能落在最左端的区域。在最右端的认知负荷过载区,由于可视化图形和认知任务都过于复杂,用户即使投入了最大限度的记忆资源也只能得到很低的绩效值。这时必须改进可视化的设计,将认知任务分解,从而提高用户的认知绩效。中间的三个区域是比较常见的区域。在绩效稳定区,认知主体的记忆资源投入保持在一个舒适的范围内,不需要投入过多的精神努力就可以得到一个比较高的认知绩效。顾名思义,在投入收益区要得到一个高的绩效则必须要用户投入更多的精神努力,即占用更多的工作记忆资源。认知负荷程度在绩效下滑区大幅增长,在此区域内存储和理解可视化所需的工作记忆资源超过了认知主体所能提供的最大值。因此,随着任务难度的提高,即便认知主体记忆资源投入增长,认知绩效仍然出现了大幅下滑。

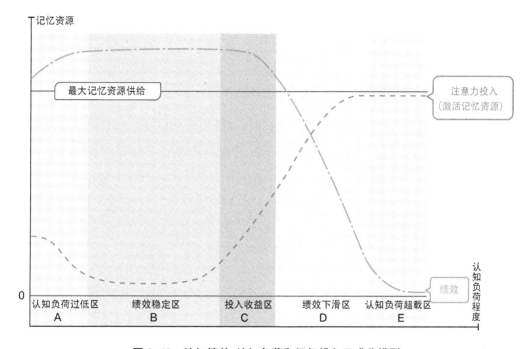

图 3-12　认知绩效、认知负荷和记忆投入三成分模型

(该图形编译自 Huang,2015[222])

在此模型中可以看到,在一定范围内的认知负荷程度对于保持高的认知绩效是有利的,过低和过高的即时认知负荷都不利于可视化的理解。但是,过低认知负荷的情况在大数据可视化中很难成立,图 3-12 中的绩效下滑区是最可能落在的区域,该区域内工作记忆投入和认知绩效对于认知负荷的变化都很敏感。随着认知负荷的提高,用户需要投入的精力大幅度上升,而操作绩效则显著下滑。因此可以认为降低认知负荷是大数据可视化所要得到的目标之一。在后续论证过程中,将降低认知负荷作为大数据可视化的设计原则之一,就是默认用户大数据可视化的读图任务不会出现在认知负荷过低区。

3.3 不同人群的认知偏好

前面所探讨的人类认知特点具有通用性,即这些视觉思维特征适用于所有具有正常感知觉系统和智力水平的成年人。但是在实际的工作学习中,人们的知识结构和认知个性特征也会对可视化的识别和理解有着重要的影响。本节通过知识结构和认知风格两个方面来讨论可视化受众的类型和特点,以及它们对大数据可视化设计可能的影响。

3.3.1 领域与技术经验双维度

在使用 Powerpoint 或者 Keynote 等演示文档编辑软件制作文档时,有些人喜欢调用系统给出的推荐模板来输入相应的内容;也有些人喜欢自己设计母版,对每个层级的文字、图像的各种属性进行自定义并插入很多动作控制。而这两种人群都得到了很舒适的使用体验,即新手级和专家级都找到了与其能力相匹配的工具模式。可以说用户的专业知识对于认知模式有着巨大的影响。了解新手和专家之间的差异能够让可视化设计给所有人以更好的操作体验。

在进行人群划分的时候,将专业知识分为两个维度,即:领域知识支持和技术知识支持[120]。领域知识支持是指该用户对于一个既定主题非常熟悉,例如对生物化学领域非常熟悉的专家;而技术知识支持则是指拥有使用互联网和可视化的技术,例如对各种搜索模式和操作方式非常熟悉的专家。这两个维度上的专业知识都是非常有价值的,当用户兼具这二者时往往可以得到最理想的操作和认知绩效。从对这两个维度的熟悉度来看,用户可以简单地分为以下四类,如图 3-13 所示。

(1)领域/技术双专家

当新手还在研究操作方式和表征意义的时候,专家则直接开始目标探索。具有较高领域和技术熟悉度的专家很容易直接跳至目的地,跨度大且定位精准。双专家对模式适应对领域熟悉,往往能够感知到更多的数据内容,页面浏览的深入却花费不多的时间。支持高级语法过滤的用户界面可以允许用户输入特定领域的术语并支持多维度的过滤、选择和排除,实现快速引导和定位。

(2)领域专家/技术新手

对于技术不熟悉的领域专家,他们可以对知识进行快速有效的感知和评估,但是技术上的不自信会让他们不敢尝试探索一些未知领域。然而依靠他们丰富的术语掌握,

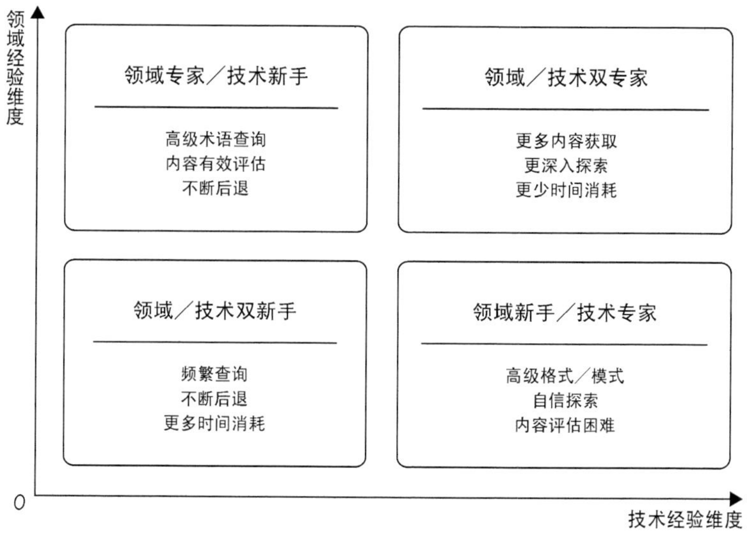

图 3-13　领域/技术经验双维度用户分类

可以构建出丰富的主题查询以及设置更多的感知目标。有效的评估是他们重要的优势所在,丰富的领域知识可以让他们对可视化页面快速及时地作出意义评估,但是由于技术上的缺乏,他们往往会不停地返回以防止在多页面中迷失。

（3）领域新手/技术专家

对于领域相对陌生的技术专家,他们往往对可视化界面的使用充满信心,但会遇到一些相关内容识别上的困扰。他们采用高级格式化的操作模式,对于界面的探索充满自信,并不会担心在页面跳转中的迷失。但是他们最大的困难是难以快速地评估可视化界面中展示的图形的意义。

（4）领域/技术双新手

在没有卫星定位设备辅助且完全不熟悉的荒野行走的时候,当无法找到方向时,保险的做法是回到上一个有记忆的地方再重新找方向,防止在道路中迷失。领域、技术双维度的新手在可视化认知操作中也会遇到同样的问题。他们会频繁地重构问题,进行更多的操作但却获得较少的有用结果。在操作过程中频繁地返回,因为担心过多的深入会偏离目标结果,因此会在认知过程中比专家消耗更多的时间。在针对双新手的可视化界面设计中应当设置足够多的路标,并且能够让用户方便返回到上个层级或者初始状态中,在页面的跳转中设置足够多的关联,让用户感受到多页面之间的相关性。例如,图 3-14 所示的面包屑技术（breadcrumbs）[121]既可以定位用户当前位置,又能够提供返回路径。

可视化界面要兼顾不同类型的用户群体,适时地增加一些必要的模式引导与内容评估的拓展以及位置指引来帮助各种类型的新手快速学习以获得更好的认知绩效。上下文关联式指令、沉浸式叠加等都是合理而有效的视觉结构。

图 3-14　一个典型的面包屑技术引导示意图

3.3.2　认知风格双维度划分

随着经验的累加,任何新手都可以慢慢地转化为领域或者技术上的专家,但是人固有的认知倾向性却很难发生变化。心理学家将这些称为认知风格(如图 3-15 所示),它代表了个体在处理和表征信息时稳定的态度、偏好以及习惯[122]。

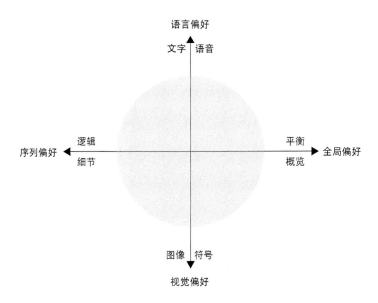

图 3-15　用户认知风格双维度示意图

早在 20 世纪 50 年代,认知心理学家们就展开了认知风格的研究,著名的杆和框架测试(rod & frame test)就能简单地测出被试是全局还是序列的认知风格[123]。序列式偏好者在对结构、功能的认知行为中往往依赖外部环境,在外部环境中寻找动机。序列式偏好者更倾向于深入到一个很窄的子领域中,从一个事物到另一个事物采取逻辑的进展方式。他们善于分析组件,却缺乏将这些组件整合成一个整体进行宏观感知的能力。研究表明,在其他条件均等的情况下序列偏好者会多花费 50％的时间在浏览页面中,并使用更多的返回按键或者回到主页面按键[124]。但是,当被试的技术经验提高后,这种认知差异消失了,也就是说技术上的熟练可以让序列偏好者极大地提高操作和认知绩效。

与此相对应的是全局式认知偏好者,他们可以独立于外部环境来控制内在动机。

在对一个新事物进行认知的时候,他们更倾向于从整体出发,可以结合上下文语境给出一个全局的更平衡的观点。然而,整体的认知倾向会趋于过渡的简化而在一些情况下忽略掉一些重要的细节。那么对于可视化的设计来说,一个易于学习的用户界面可以帮助弥合用户间的绩效差距,引导他们如何使用此程序。例如,鼠标悬停时在节点上叠加显示某个解释维度属性,在搜索框中添加描述性的占位符,智能识别和描述输入内容以增加其搜索信心等操作都可以有效地帮助既定人群。最大限度地提高可学习性是改善可视化体验的根本,特别是针对那些新手或者序列化偏好者来说。

另一个认知风格维度是语言—视觉维度。心理学家认为,人们有三种学习模式:语言、视觉和动觉[125]。虽然我们在实际的学习过程中,三种模式是共同存在的,但是每个人都会有对其中一个的喜好超过其他的。语言偏好者比视觉偏好者更容易吸收和掌握书面或者语音信息。视觉偏好者则善于从图表、图解、时间线、地图还有其他具象图形中来摘取信息。动觉偏好目前对于可视化研究影响不大,但随着可视化多模态的展示和操作方式的出现,它在手势和触摸操控中对学习绩效有影响。

基于语言—视觉认知偏好维度,对应在可视化设计中的是双编码理论。研究表明,当同时采用语言和视觉编码时,用户有效解决问题的能力提高30％[126],也就是说以两种模态同时呈现同一信息时,用户接受度最好[127]。图3-16展示了一组按照语言和视觉双编码理论指导下的图标设计,这种表现形式可以提高认知绩效并且兼顾语言、视觉认知偏好的用户。该理论对于可视化界面设计节点信息的表征具有十分重要的意义,同时重复占用的视觉编码也进一步增加了数据维度和展示维度之间巨大差异的矛盾。

飞机　　　声音　　　循环　　　记录　　　网络　　　时间

图 3-16　基于双编码理论的图标设计示例图

3.3.3　不同的视觉空间能力

由于大数据可视化涉及对静态或者动态视觉对象空间及运动方式的理解,认知主体的视觉空间能力对认知绩效有着很大的影响,这种影响会提出对不同视觉呈现方式的要求。视觉空间能力通常简称为"视空能力",意为思想意识中在二维或者三维空间里对物体进行旋转和折叠,以及这些动作带来的变化结果的想象能力[128]。研究表明,高视空能力者对于可视化的表征方式的兼容性较强,无论是静态的可视化图片或者是动态的动画或者影像呈现都能够得到较好的感知绩效,且能够通过自身的高视空能力来补偿呈现方式的缺陷[128]。而低视空能力者相对来说则更容易理解动态可视化[129]。

可以说,高视空能力的认知主体可以缓和不同逼真度的可视化所带来的有效性问题,可以获取到高逼真度可视化中大量的细节并进行加工处理。而图示化的动态可视化由于其省略了细节而突出运动特征,则更有利于提高低视空能力者的感知绩效。

测量被试视空能力的方法包括视空图像自评法、心理旋转测试法和地形图记忆测试法。第一种属于主观测评方法,后面两种属于绩效测评的范畴。视空图像自评是一种主观评定方法,Vorderer 等在 2004 年欧盟报告中所提出的视空图像自评方法是由 8 个问题的 Likert 五级量表组成,其中 4 个问题是有关自我位置定位的陈述,另外 4 个问题是关于空间形态模式的陈述,五级量表中 1 分代表"完全不同意"、5 分代表"完全同意"。通常心理测评方法得出的分数往往只作为后面两种绩效测评的辅助考量。心理旋转测试法是测量视空能力最为经典和常见的方法,最早是来源于 1971 年《Science》上发表的一篇关于三维物体旋转的文献[130],而后被很多人改进和应用。以应用比较多的 Peters 在 1995 年一个改进版的心理旋转测试为例[131]来说,它的测试方法是以三维立方体块作为视觉对象,屏幕中同时出现 5 个立方体块,左边 1 个和右边 4 个分隔开平行呈现,要求被试判断右边 4 个中哪一个为左边体块的立体旋转后的模型。其正确率和反应时都可以作为评定指标。地形记忆也是一种基于绩效的视空能力测试方法,其中比较经典的是 Hartley 等在 2007 年开发的四山测试系统(FMT)[132]。该测试首先呈现一幅由四座形状不同的小山组成的实景渲染图 10 秒,然后呈现一个 2×2 的图像矩阵,要求被试在 20 秒的时间内可以使用纸和笔选择出和之前图像匹配的图像。前后图像会有少量的视角变化,除此之外,云彩和植被都是干扰因素。实验由 30 个单元组成,综合正确率和反应时得出视空能力水平。

在大数据可视化中,由于涉及动态表征和虚拟空间形态,因此认知主体的视空能力对可视化认知绩效的影响比较大。除此之外,一些用户在特定工作场所的即时工作状态也会影响用户的感知和运动性能。包括警醒度和警惕性、疲劳度和睡眠缺乏、精神压力、环境中对感知通道的影响、营养和饮食、害怕及焦虑等情感因素、烟酒咖啡茶等神经刺激物、人的生理周期等。除了个人的感知能力差异外,用户自身的个性因素和文化背景也会影响其对可视化界面的感知效果。

3.4 人—信息交互系统复杂认知模型

3.4.1 人机系统的一般信息认知模型

人和信息通过界面产生交互,在此过程中人们对界面中所呈现的信息进行感知。

在这个过程中出现了人的认知行为活动。人的认知行为是一个信息输入的过程,计算机对信息进行过滤、筛选等一系列处理后呈现在屏幕上,人通过直觉、推理、比较等认知行为产生决策,该决策指导用户进行页面操作,即信息输出。人的信息输入同时也是计算机信息输出的过程,而人的信息输出也同时作为计算机信息输入部分。如图 3-17 所示,该过程是一个从计算机端到用户端信息流动的过程,在此过程中完成信息的感知,实现信息到知识的转化。凡是涉及计算机屏幕显示的人机交互界面,该一般认知模型都能够适用,它是一个基础和泛化的认知模型。

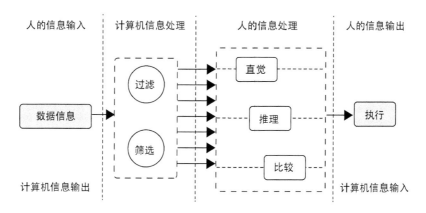

图 3-17　人机交互下的一般认知模型

3.4.2　大数据可视化中的复杂认知行为

大数据时代的数据处理不再局限于分析抽样个体,而是对总体数据集合进行分析推测;大数据时代人们对数据的时效性要求高于对其精确性的要求;并且人们更加关注信息之间的关联性,而非拘泥于因果逻辑关系的推理。这些数据关注点的差异滋生出人们对于数据感知的根本差异性目标。大数据可视化由于其信息表征的对象是高维多元的大数据,因此其所涉及的认知行为具有更加复杂的特征。大数据视觉化的数据呈现方式可以辅助人们理解数据并进行信息的沟通。大数据可视化会涉及多种认知活动,包括感知觉、决策、问题解决、学习、规划、分析推理等,而交互式可视化为这些认知活动呈现筛选过滤后的可用信息。在大数据可视化的交互式阅读过程中这些认知活动具有复杂和高度交互的特性,可以被称作复杂认知活动。而其复杂性体现在以下两个方面。

（1）复杂认知活动由多个基本认知活动所构成

复杂认知活动可以分解为多步骤、多个子任务来共同完成。而这些认知子任务不是简单的相加,每个子任务的认知过程通过影响用户决策来对整体的复杂认知活动产生影响。一方面大数据可视化中的复杂认知活动是依赖于基本认知过程,例如感知和记忆等组合和交互的复杂心理过程;另一方面,它处在一个动态的环境中,观察对象的多变量之间具有高水平的相互依赖性[133-134]。认知主体去感知一个具体的颜色,识别一个单词是属于简单的认知活动,而大数据可视化中的例如观察标量场流动趋势,分析基因组数据模式检测未知模式,或研究金融数据做出投资策略决策,这些都是依赖多个基本认知对复杂认知客体做出的交互式的认知行为,因此都是属于复杂认知行为。

(2)计算机在复杂认知活动中提供智力支持

该复杂认知行为是一个以人的积极的目标为导向的信息处理进程。人和大数据可视化的信息相互作用以支持信息密集的思考过程。可视化界面为认知主体提供以视觉为主的多模态信息,并且在人的交互操作下一步步呈现出不同的视觉信息,这些视觉信息支持人的决策等认知行为,可以说计算机可视化信息界面是紧密参与到认知主体的认知活动进程中的,基于此我们提出一个人机协同作业的复杂认知系统假设。机器学习和人工智能也承担起了认知活动的一部分,该系统由人和机器协作完成智力负荷分担。计算机的智能学习能力在很大程度上是模拟人的认知模式而来,但由于生命体和非生命体本质上的差异,二者的思维能力存在着很大的差异,如表3-1所示。因此,在人机协同作业的复杂认知系统中,应由人和计算机各自承担所擅长的信息感知和处理部分,以弥补人类工作记忆广度限制,减少人在感知大规模信息时的认知负荷。

表3-1　人和计算机信息感知和处理能力差异对比

人类相对特征	计算机相对特征
感觉阈值内低级刺激	感觉人类感知阈值以外的刺激
在杂质和噪音中发觉刺激源	统计或测量范围内全部物理量
在变化环境中识别不变的模式和信息	准确存储大量编码信息
容易感觉到不寻常和意外事件	监测预先指定的事件,特别是不常见事件
在无经验联系状况下,恢复关联细节	对输入信号做出快速一致的反应
利用经验辅助决策	逻辑运算运用概率来决策
善于失败后改变策略	按预定方式实施策略
从观察中概括一般规则	从一般规则中推测个例
在无法预知的紧急状况和新情况中做出行动	可靠执行重复的、预定的动作行为
同时性任务相互影响极大	同时多线程处理多个任务
活动后形成主观评价	记录所有处理过程
负荷过载时主动选择重要性或者紧迫性高的任务优先处理	可同时处理信息,运算能力强
通过身体调节来适应情况的变化	在长时间内保持稳定的性能

在大数据可视化的复杂认知系统中,计算机可视化界面所充当的角色可以称之为认知活动支持工具(Cognitive Activity Support Tools),简称为 CASTs[135],它是人—信息交互的媒介。除了人机交互界面,CASTs 还包括显示器、传感器、存储器、处理和操纵信息算法和其他输入输出设备等组件。可以说,计算机系统在整个复杂认知活动中提供一定的智力支持。在大数据可视化交互式操作的复杂认知活动中,计算机和人分别按照自身的信息处理特点来分配任务。认知科学已经充分肯定了可视化视觉表征在复杂认知活动中所起的重要作用[136]。因此,计算机系统提供智力支持是大数据可视化复杂认知活动的重要特征之一。

3.4.3   大数据可视化中人—信息系统复杂认知模型

在第二章中我们提出了"数据—视觉呈现—知识"之间的信息流概念,在此过程中CASTs 起到了关键的搭接作用。从数据处理到信息呈现,可视化界面使人和数据之间产生对话,完成复杂认知行为。复杂认知活动是分层的、嵌入式并且具有即时性的,它通常包括各种类型的子任务,例如一个鼠标点击超链接、鼠标悬停叠加显示等。复杂认知活动随着任务的深入和时间的推移而出现微级别的事件、动作、子任务等。针对大数据可视化中的复杂认知活动,其包含五个层次上的内涵:信息空间、计算空间、表征空间、交互空间和精神空间,见图 3-18 所示。大数据可视化的复杂认知活动即是在这个多层空间上交互迭代的过程,在自上而下和自下而上的认知模式间循环转换。

信息空间是指复杂认知活动中与认知主体进行信息交互的信息。复杂认知活动中会要求多领域的信息介入。例如,当需要做出金融决策的时候,需要金融产品信息、财务信息、法律制度知识等多领域知识来支持决策活动。因此,信息空间包含了复杂认知活动所需要的各种实体、关系及属性之间的各种组合所构成的信息体。它既包含了科学可视化中的具象信息源也包含了信息可视化中的抽象信息源。数字空间是 CASTs中的内在部分,包含各种数字表征、存储、操作。在该空间内进行数据清洗、过滤、归一化等函数计算和其他的预处理进程。

表征空间是在屏显界面中所呈现的视觉表征形式,也是本课题研究的重点。表征空间由信息空间的视觉表征项以及可能的动作、控制、标签和其他非信息空间内容组件所构成,在下一章会展开论述。数字信息本身是不可见的,只有通过表征空间才可以让认知主体和信息空间层进行交互,包括修改或插入信息。交互空间是指操作动作以及随后发生的反应变化的空间,在这个空间内认知主体和 CASTs 之间发生信息往返流动。精神空间是指认知主体内心的心理事件和操作发生的空间,包括理解、归纳、比较、记忆编码、记忆存储、记忆检索、判断、分类和归类。在大数据可视化认知活动中,这些空间水平都无法独立运作,认知主体和 CASTs 系统共同组成一个协作的认知系统。

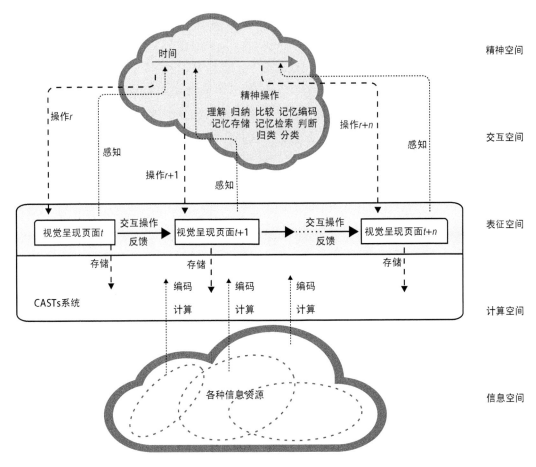

图 3-18　以 CASTs 为媒介的人-信息交互多水平结构模型

其中一些处理过程发生在精神空间,一些分配到表征空间和计算空间,还需要和表征空间进行交互来完成。

　　用户的认知需求是交互式大数据可视化复杂认知模型的根本驱动力。根据态势感知三层次理论[32],在一定空间和时间内可视化的认知任务包含感知层、理解层和预测层三个层级。感知层的认知任务包含获取和记住各变量值,是既定维度下既定数据信息的查询和记忆。理解层的认知任务是在对信息搜索和理解的基础上,得到对数据现实状态的判断,包含对错误信息的探测和判断。预测层的认知任务是综合感知和理解层的信息,对数据和系统未来的发展状态进行预测,也是大数据可视化最重要的目的。从感知层到理解层再到预测层,认知任务的复杂度逐步提升。大数据可视化的认知行为是以认知任务为导向的。如图 3-19 所示,用户读取复杂的大数据可视化都会按照需求预设一个认知主任务。例如,找到过去某个时间点数据量值(感知层)、寻找虚拟世界中的最优路径(理解层)、了解世界各分支市场的整体分布情况(理解层)、找到值得购买的证券(预测层)等。

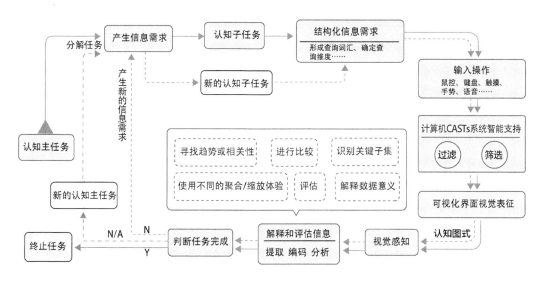

图 3-19 任务驱动的交互式大数据可视化的复杂认知模型

当一个认知主任务确定后,它会被认知主体分解,从而产生对信息的需求,该需求又会产生认知子任务。当我们想产生一个证券购买决策这一认知主任务时,可能会首先了解各券商的近期走势,这个近期走势的信息需求就产生了认知主任务下的认知子任务。接下来,用户会对该信息需求进行结构化处理,例如定义近期所指的时间维度阈值、确定目标证券的类型维度这些可以为计算机所识别和支持的结构化信息需求。一旦需求达到结构化就可以进行输入操作,可视化界面提供该操作的视觉反馈以及数据和信息的视觉表征。在视觉呈现的过程中,计算机 CASTs 系统对信息所进行的过滤和筛选是基于用户操作而进行的智能推送。这些可视化的视觉表征进入视觉或者听觉通道(屏显文字是双通道处理),维度表征的视觉凸显性发生作用产生视觉感知。这时,人们储存在长时记忆中固有的认知图式就会对这些视觉表征进行模式匹配,来帮助理解屏显视觉语言。接下来会进入解释和评估信息的阶段,对所识别到的视觉信息进行提取、解码和分析,该阶段的认知任务包括寻找趋势或相关性、进行数据比较、使用不同的聚合或者缩放体验来感知不同分辨率下的数据集、识别关键子集、评估信息以及解释数据意义等思维活动。认知主体会对是否完成认知主任务进行判断。如果认知主任务已完成,则任务终止。两种条件会导致认知任务继续,一是认知主体判断后认为应加入新的信息查询任务来补充对主任务的信息需求,这时会产生新的信息需求,进入下一轮的认知子任务。另一种状况是通过对前一次信息感知和思维活动,认知主体对认知主任务进行了修正,这时会按照修正后的认知主任务进行新一轮的交互式信息感知。认知任务是整个认知行为的根本驱动力,而大数据可视化作为数据和认知主体之间的有效沟通媒介,加速认知行为进程,是人和 CASTs 共同组成的复杂认知系统中的有效认知辅助工具。

因此我们可以看出,大数据可视化的复杂认知模型特殊于一般认知模型的方面在于其中所涉及的复杂认知活动。一方面,认知任务分解为多重认知子任务,认知子任务的认知结果决定认知任务的走向;另一方面,计算机对于人的输入指令及任务走向进行智能识别和信息推送,在复杂认知活动中提供智力支持,帮助用户完成信息的提取和感知。主体认知任务给整个大数据可视化的复杂认知模型提供原始驱动力,复杂认知模型则是以认知任务为基础导向的。该模型从大数据可视化交互式读取过程中认知空间、交互空间、表征空间、计算空间、信息空间相融合的时序性的宏观视角上,强调了认知任务在复杂认知活动中的主导地位,为后续对于表征空间和交互空间的研究提供理论基础。

本章小结

本章从人类特有的视知觉特征出发,分析了可视化认知过程中的人的认知特征和认知模式。在共性特征分析之后,继而探讨不同类型人群的个性特征,即认知偏好。从人的信息处理模型出发分析大数据信息处理,提出可视化界面所参与的人机协同作业的复杂认知系统。本章的内容主要涵盖以下四个部分:

(1)分析了在可视化认知中起重要作用的人类视知觉特征,包括视觉感知三阶段进程、视觉注意和视觉凸显性以及其对可视化设计的影响;分析了视觉工作记忆的组成及在可视化认知中所起的作用。

(2)分析了可视化中的认知模式。强调认知图式在可视化认知任务中的作用,分析认知图式的同化与顺应过程;对可视化中认知负荷和认知绩效的概念进行阐述。

(3)从不同标准划分的用户类型出发,分析人群差异对可视化认知的影响。提出领域和技术经验双维度和认知风格双维度,并且分析了视觉空间能力对于可视化认知的影响。

(4)基于前面的认知特征、认知模式和认知偏好的分析,提出了大数据可视化的人—信息交互系统复杂认知模型。将可视化界面作为媒介,分析大数据可视化认知任务中人与信息交互的多水平结构模型,以及以任务为驱动的动态交互式数据可视化的复杂认知流程。

第四章

大数据可视化的视觉表征方法

前面的章节分别对信息的特点和读取信息的人的认知特征做了分析,本章在前面的基础上探讨了将信息空间中信息传达给用户的大数据可视化的表征空间。大数据可视化单页面上的视觉呈现方法既包含高水平上的全局战略,即图元关系架构,它涵盖了可视化基本的信息组织形式;也包含低水平上的语义集成和视觉调和,即视觉编码方法。设计优良的定性和定序的表征方式可以提升可视化的可读性和感知绩效。同时,加入了时间维度的动态可视化涉及运动信息的表征和感知。本章从这三个方面分别展开阐述。

4.1 大数据可视化信息表征设计流程

大数据可视化是用户与高维多元的大数据信息之间沟通的桥梁。面对复杂的大数据信息,可视化要能够满足基础的表征功能,并在此之上方便用户进行探索分析。前文中提到,没有可视化的沟通,人们面对纷乱庞大的大数据,很难感知到其中蕴含的信息内容,无法进行价值挖掘。大数据往往包含非常多的数据维度和数据类别,在原始阶段这些维度都是平行的,并包含很多噪音。将这些所有的维度和类别同时展示在一张图形上是不可行的,信息过载超出人的负荷范围会造成认知绩效下降甚至感知错误。图4-1是取自世界银行开源数据库的某原始数据片段截图。从这个典型例子中可以看到,原始数据往往是高维、多元和碎片化的。而无法用表格形式罗列的非结构化数据则呈现出更加碎片化的特征。因此,大数据可视化视觉表征设计需要实现从数据中提取信息,再将信息通过视觉呈现提供给使用者,并支持使用者交互式的信息查询。

可视化的基础功能是要把数据中的信息传达给使用者,那么对数据信息有效的理解、整理、分类和分层是可视化的初步,即信息架构。在视觉呈现设计前,需要对信息的关系和层级进行梳理。确定信息的维度,并对信息维度进行分层、对信息元进行分类。合理有效的信息架构是可视化设计的基础。在信息架构阶段需要对大数据的信息进行梳理,整理出待表征的大数据信息架构,并确定信息层次。图4-2表示了一个信息架构示意图。可以看到,通过信息架构,梳理信息之间的层级和平行关系,将维度分离,为后

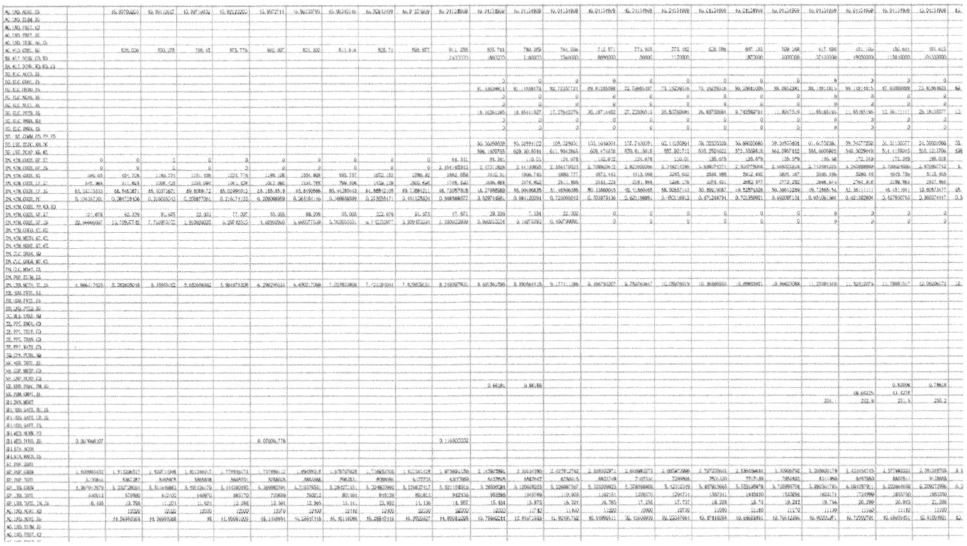

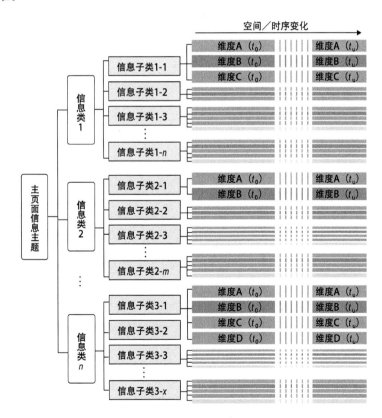

图 4-1　世界银行开源数据库的某段原始数据片段

期按照用户动作在页面上呈现对应维度信息提供基础。通过维度的选择性呈现实现认知上的降维。

图 4-2　大数据可视化信息架构示意图

对于大数据可视化视觉设计,在对数据处理和信息融合完成后,首先应当确定信息的架构及分层展示策略。由于大数据可视化的交互式显示特征,在确定信息架构的同时需要确定用户动作关联,进行交互框架设计。交互设计中又包含视觉化的界面交互控件设计、动作反馈设计以及输入和输出一一对应的非视觉化的交互动作设计。大数据可视化信息表征流程如图4-3所示。

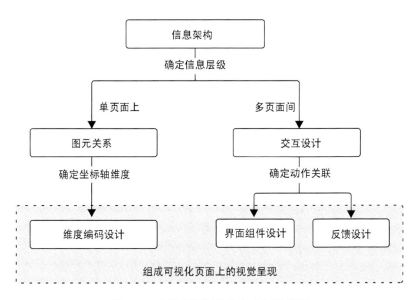

图4-3　大数据可视化信息表征流程图

因此,大数据可视化的视觉呈现既包含单页面上的基本图元关系设计和信息维度编码设计,也包含多页面之间的交互设计。在本章中探讨单页面内的视觉呈现方法,如图4-4所示。其中图元关系是视觉呈现中高水平上的全局战略,它涵盖了可视化基本的信息组织形式。信息维度编码设计则是低水平上的语义集成和视觉调和,设计优良的定性和定序的表征方式可以提升可视化的可读性和感知绩效。

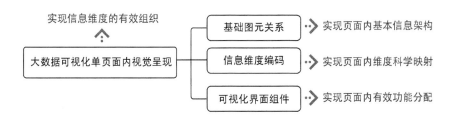

图4-4　大数据可视化单页面内视觉呈现研究内容及目的

4.2　大数据可视化的信息图元关系

信息图元关系是大数据可视化视觉呈现的基础,所有的视觉编码都是架构在基本图元关系之上的。图元是指组成图形数据,在可视化中表现为可视实体,既可以包含不可分割的基础维度也可以包含多个实体和关系的维度组成的综合实体。而图元关系用来表示数据结构内部的基本关系,每个图元内包含一定的信息维度。图元关系通常表现为空间几何拓扑形式,运用节点以及节点之间的连线来构成。在传统的小型数据集的可视化中(例如全年的分月份总产量表征),由于数据信息简单,不需要专门来考虑信息的图元关系。数据软件中内嵌了一些信息图表类型(例如直方图、饼图等),选择目标类型即可完成图形构建。这些内嵌图表就是基本的图元关系。而在大数据可视化中,由于其具有高维多元特征,因此图元关系往往需要专门的设计。图元关系的架构依据是被表征数据的内在机理,图元关系就是对数据内部抽象关系定性或定量分析后所构建的数据关系架构。可以说图元关系需要确定基本展示维度的坐标系映射。在对现有的大数据可视化案例分析的基础上,提取基础的信息关系,将大数据可视化图元关系分为基于笛卡儿坐标系和极坐标系两个基础大类,以及一些特殊形态的图元关系类别。

4.2.1　基于笛卡儿坐标系的图元关系

基于笛卡儿坐标系的图元关系是基于传统的可视化中的图元关系发展而来的。笛卡儿坐标系是直角坐标系和斜角坐标系的统称。相交于圆点的两条数轴构成了平面放射坐标系。通常情况下二维的直角坐标系由两个互相垂直的坐标轴来设定,其中水平方向的为 x 轴,竖直摆放的称为 y 轴,这两条不同线所构成的坐标轴,决定了一个 xy 平面,又称笛卡儿平面。在基于屏显的可视化中,该平面通常是指屏幕平面,而该平面上的任意一点 i 的空间位置 (x_i, y_i) 都可以依照其距离各坐标轴的距离来推算。笛卡儿直角坐标系也可以推广至三维空间和高维空间。一般情况下二维和三维笛卡儿坐标系在大数据可视化中应用得较多。在数学领域的笛卡儿坐标通常各个坐标轴的度量单位相等,但是在大数据可视化中由于各个轴所代表的维度不同,所以每个坐标轴的单位量值通常会单独定义。基于笛卡儿坐标系的可视化图元关系包含很多种类,其中最简单和基础的是在可视化小型数据集时常用的折线图、柱状图、散点图和面积图,如图4-5所示。折线图强调某一维度属性随着 x 轴数据维度变化所伴随的 y 轴数据维度的变化,柱状图则强调一个 x 轴维度的某个阈值区间内, y 轴维度的变化。散点图可以容纳更多的节点，通过节点的分布发现数据的规律，例如狭长线性排列暗示 x、y 两个维度上的回归趋势。面积图强调 x 轴维度上量值的连续变化，可以引起认知主体对总值趋势的注意。每一种图形又有多个变形，例如复式折线图、堆积面积图等。

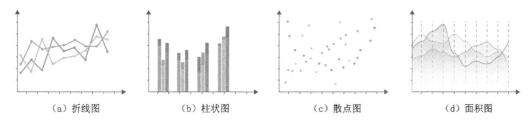

| （a）折线图 | （b）柱状图 | （c）散点图 | （d）面积图 |

图 4-5　常见的笛卡儿坐标简单图示

在这些简单图示的基础上，依据大数据信息维度之间以及主表征维度中各节点之间的关系，可以演化出多种图元关系布局，如图 4-6 所示。其中，(a)弧线图强调同等级节点之间两两相关性，单轴上数据的排列同时展示出数据在某一维度上的秩序性，例如表示某著作中先后出现的人物之间的关联性。弧线图中的单轴通常用来表征时间维度或者逻辑前后维度。矩阵图是由列表式构图演化而来的，可以表达各节点行和列维度之间的一一对应性。矩阵图(b)通过阵列式排布，可以实现单页面上的高维数据的平行展示。中心爆炸图(c)、比例大小圆形图(d)、环相接图(e)、分支图(f)、根茎图(g)和区域分组图(h)都隐藏了坐标轴的表征，但由于其空间排布是按照 xy 平面坐标来确定节点位置的，因此也属于笛卡儿坐标系类别。中心爆炸图(c)所表征的数据集具有强烈的中心聚拢性，或者可以看作只含有一个簇的可视化图形，这种图常用来表征具有强烈中

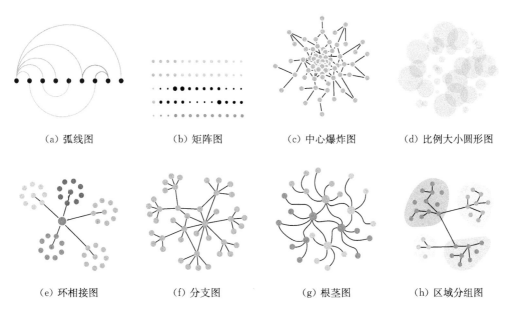

| （a）弧线图 | （b）矩阵图 | （c）中心爆炸图 | （d）比例大小圆形图 |
| （e）环相接图 | （f）分支图 | （g）根茎图 | （h）区域分组图 |

图 4-6　笛卡儿坐标系的图元关系拓展

心聚积特征的数据集。比例大小圆形图强调节点的封闭图形的面积所表征的某重要量化维度,其节点位置和大小分别对应两个主展示维度。环相接图(e)、分支图(f)和根茎图(g)形态上类似,区别在于环相接图边缘节点周围围绕的节点所表达的是边缘节点的各种属性维度,而分支图和根茎图中所有的点都表征的是节点,而非节点的维度,边缘的节点代表了节点更低的层级。分支图强化节点的表征而根茎图则强化节点的关系即连线的表征。区域分组图(h)又称气泡图,是含有多个簇的可视化图元表征形式。

如图 4-7 所示,采用 VOSviewer 可视化工具来制作的科学文献知识图谱。该图展示了 2018 年在 Web of Science 网站上,虚拟现实(Virtual Reality,简称 VR)领域文献的关键词及其关联。节点的大小表征词频,连线代表相关性,色彩表征关键词发表时间均值的时序。所有数据维度都经过数学处理使得结果差异符合人的感知特征。可以看出该可视化就是以笛卡儿坐标系的中心爆炸图为基础来设置基础图元关系的,将高关联性关键词放在更靠近中心,即"Virtual Reality"的位置附近来突出信息的中心聚积特征。节点位置进行多次迭代计算,使每个展示词汇都不互相遮挡、让用户可读。与此同时,该图综合了比例大小圆形图中节点面积对量化数据的表征,以及根茎图的弧线节点连线来强调节点间关系的表征,同时又避免了直线交叉给图像带来的紊乱感。

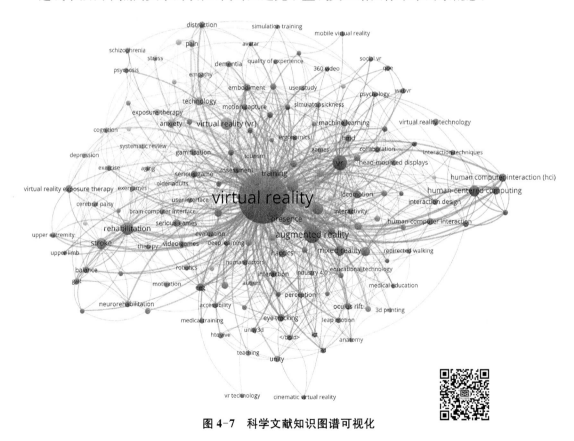

图 4-7　科学文献知识图谱可视化

除了一个和二个维度上的笛卡儿坐标系,大数据可视化中为了平行展示更多的维度信息,有时候会用到三维的可视化表征,基于三维笛卡儿坐标轴的图元关系与二维类似,三维笛卡儿坐标系可视化的优势在于可以同时表征更多的维度,也支持将另一个实体或者维度的表征移动到不遮挡或者少遮挡的位置,如图 4-8 所示。但是三维可视化同时会造成深度感知的困难。研究证明二维可视化方便查询既定节点信息,而三维可视化则更容易感知趋势从而产生对未来的预测[137]。

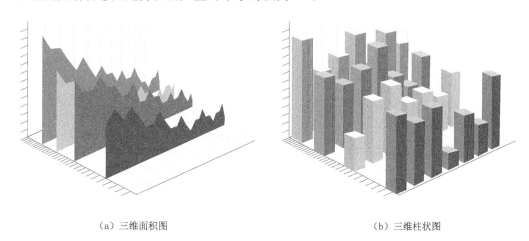

（a）三维面积图　　　　　　　　　　　　　（b）三维柱状图

图 4-8　三维笛卡儿坐标图元关系示意图

4.2.2　基于极坐标系的图元关系

极坐标系的图元关系可以说是大数据可视化中常见的并具有数据特征针对性的一类图元关系。极坐标系是指在平面内由极点、极轴和极径组成的坐标系。和笛卡儿坐标系一样,在屏显可视化中该平面通常是指屏幕平面。极坐标轴的极点 O 位于该平面内,从 O 出发引一条射线 Ox 为极轴,再取定一个长度单位,通常取逆时针角度为正。平面上任意一点 P 的空间位置用线段 OP 的长度 ρ,以及 Ox 到 OP 的角度 θ 来确定,点 P 的坐标可以记作(ρ, θ)。由于极坐标系统是基于圆环的,圆形的很多图形优势可以用在大数据可视化中,将可视化结果变得简单、可读而美观。例如,圆环角度上的可拓性在理论上可以将圆弧边即角度上无限细分,径向上无限伸展,这和大数据的数据特点不谋而合。另外由于圆环是一个封闭图形,因此会产生"内"和"外"的概念,这个图形特点也可以用来分类表征一些节点关系。如图 4-9(a)所展示的是圆环角度上的多层次细分,在第一层次上分为 A、B、C、D 四个部分,其中 A 在第二层分为 AX、AY、AZ,AX 在第三层次上分为 AX1~AX7,AX1 在第四层又可以再度细分至 AX1-1~AX1-5。这种图形的表达力对于传达数据集在某一维度概念上的多层包容和细分是直观而有效的。图 4-9(b)展示的是径向的正方向上的延伸示意,可以看到从 A 到 K 的径向上数据某一维度发生的逐级变化。这种图形上的延展性和时序上从某个既定时间点开始的发展演化在本质上类似,因此常用来表征数据随着时间的变化,且具有可拓性。

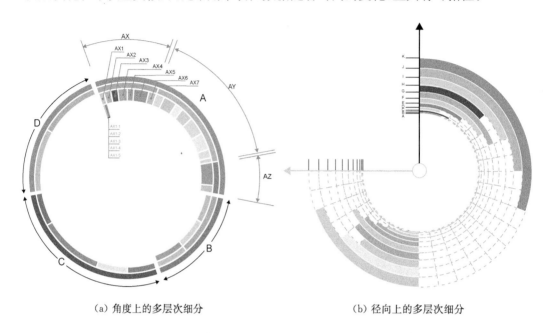

(a)角度上的多层次细分　　　　　　　　(b)径向上的多层次细分

图 4-9　极坐标圆形径向和角度上的多层次细分示意图

图 4-10 所展示的是极坐标布局方式下,由节点排布的圆环所构成的内外空间差

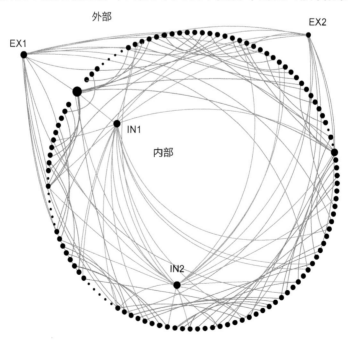

图 4-10　圆形的内部和外部空间内节点

异。依照人的视知觉特点,沿圆环分布的节点按照格式塔法在心理上可以构成一个封闭图形。圆环内部形成"内部"空间,而圆环之外形成"外部"空间。因此大数据可视化中也经常利用这种布局来示意某个概念包含和非包含的关系。例如采用内部节点表征某商业集团内部各子部门之间的合作关系,而外部节点表征集团各部门和集团外企业的合作关系。

　　由于极坐标圆形布局的诸多优势,大数据可视化在很多情况下都采用以极坐标系为基础布局,图 4-11 展示了在大数据可视化中常见的几种极坐标系图元关系布局。其中,星坐标图可以平行展示多个实体的多种维度在多个指标上的量值。椭圆内爆图是圆环内爆图的拓展,椭圆的布局形式更适合屏幕尺寸,提高屏幕空间利用率。多径向轴图则平行展示了多个维度数值在整体上的分布情况,支持径向和角度上的拓展。辐状会聚图是能够查询到同等级节点的两两相关性,而中心环图则突出中心节点和其他节点之间的关联。复合极坐标图是在极坐标系的基础上添加常见的线状图或者条形图等,多重复合可以展示同等级节点多个维度上的量值关系。

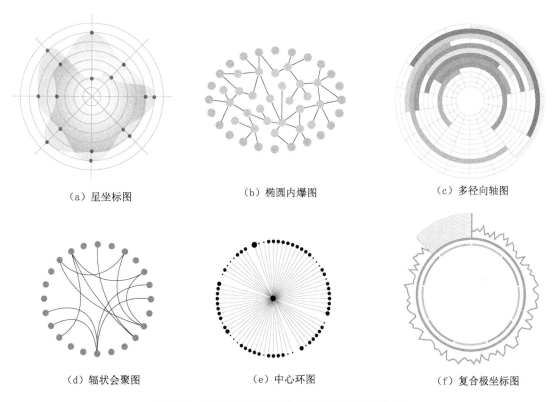

（a）星坐标图　　　　　（b）椭圆内爆图　　　　　（c）多径向轴图

（d）辐状会聚图　　　　　（e）中心环图　　　　　（f）复合极坐标图

图 4-11　几种以极坐标系为基础的图元关系布局

　　极坐标的三维形式为球体坐标,如图 4-12 所示,球体坐标具有两个优势,一是通过支持交互式旋转操作可以突出显示中心节点,周围的节点则由于透视而产生形变从而降低干扰性;另一个优势是球体坐标可以直观表征地球地理分布。

图 4-12 球体坐标可视化图元关系示意图

4.2.3 基于其他坐标系的图元关系

除了常见的笛卡儿坐标系和极坐标系以外,大数据可视化有时候会运用特殊形态的坐标系来表征基础的图元关系。常见的有平行坐标系和螺旋坐标系以及以地理图为基础的布局,如图 4-13 所示。平行坐标系可以平行展示多个维度变量在多个维度指标上的量值,并且可以通过交互式操作(如鼠标悬停或点击)来凸显兴趣维度信息。螺旋形坐标系通常用来表征时序信息,螺旋内部表征早期的时序信息,而越靠近外部的节点信息的即时性越高。

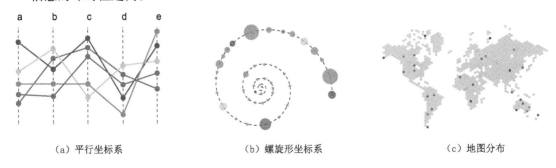

(a)平行坐标系　　　　　　　(b)螺旋形坐标系　　　　　　　(c)地图分布

图 4-13 几种特殊坐标系的图元关系示意图

一般来说,和现在时刻越接近的时间上的信息价值密度越大,因此占用更多的展示空间的设计较为合理,同时螺旋形也容易感知到信息节点随时间变化的趋势。地理信息包括多种比例尺度,一般来说包括全球、国家、城市、街区等不同尺度。地理信息严格意义上不属于笛卡儿坐标系,因为它包含一定的形变。该形变产生的原因既包含客观因素,例如对地球球体的修正,又包括主观认知因素,例如因城市中心建筑密度过大而进行不等比例的修正。通过在地理图示基础上添加 POI 点图层来实现不同空间中的同质信息平行展示。

4.3　大数据可视化的视觉编码设计

图元关系是在全局上对大数据可视化的编排进行架构,从而产生可视化的设计基础。而低水平意义上的语义集成和视觉调和则需要视觉编码的方法来产生维度的映射。视觉编码是大数据可视化"数据—视觉呈现—知识"映射中起到关键沟通作用的视觉呈现的表达方式。信息编码所依赖的最基本的视觉心理是格式塔法则,包括接近性原则、相似性原则、闭合性原则、区域联想原则、连续性原则、图底关系和对称性原则等。格式塔法则阐述了人基本的、结构化的视觉检索规律,是视觉信息编码的普适法则,因而在大数据可视化中依然适用。但由于其在相关的文献中提及得比较多,故在此不再赘述,本节重点从数据的特征出发来探讨数据维度所映射的视觉呈现维度的编码方法。

由于数据的维度有定性和定量的区别,那么作为视觉呈现的编码方法则对应着定性和定量的表达方式。定性是归纳和演绎、分析与综合以及抽象与概括后对某个属性维度的"质"的阐述,而定序是建立在精准的数值型数据之上的、对节点数值比较性的视觉表征。与此同时,有的编码维度是相互关联的,即一个视觉维度上信息的感知与另一个维度高度相关,而有些维度则是相互分离的,即认知主体可以独立感知某一个视觉维度上的信息,而不受其他维度信息的影响。本节就对定性、定序,整合和分离的视觉维度编码方法进行阐述。

4.3.1　视觉编码维度的定性和定序

常用的视觉编码通道包含平面位置、颜色(亮度、饱和度、色调、配色、透明度)、尺寸、斜度和角度、形状、纹理等,过多或者过于复杂的视觉通道会降低可视化图表的可读性。这些视觉通道依照其性质可以对应表征定性或者定量的数据维度。定性数据有些情况下可以看作是一个区间的定量数据集合命名(例如热图中利用色彩来表征不同注视点密度),有时候体现的是一些离散数据。需要说明的是,数字和文字也是常用的视觉编码维度,因为易于理解,因此在本节中不做具体解释。

4.3.1.1 定序编码维度

定量信息维度是信息的重要组成部分,它表示了信息的某个可以量值化的属性。而在可视化表征中,除了对既定节点量值查询任务外,用户更需要通过视觉表征模糊的感知值的数量属性。例如 2017 年重庆市人口为 2 884.62 万人,上海市为 2 301.91 万人。对于这个数据用户需要感知的是重庆市人口稍多于上海市人口这样一个量级比较,而不需要特别地记住具体数字(节点量值查询任务除外)。定量数据在视觉呈现中的映射就是定序编码维度。定序编码维度可以通过对节点的视觉表征,让观察者快速感知到在某个定量维度上大致的量级序列分布。常用的定序编码维度包括平面位置、色彩对比、线的宽度和长度、角度/斜度、大小和体积。

(1)平面位置

空间关系是可视化的基本布局要素,体现在平面显示空间中的编码维度为平面位置。在传统的可视化表征中,认知主体可以通过视觉元素的坐标轴映射来读取既定节点的数值和多个节点数值的比较,并形成关于趋势和变异特征的认知,如图 4-14(a)所示。空间化设计可以通过空间接近来代表一组节点有相似的某个属性,即形成"簇"的视觉效果,如图 4-14(b)所示。平面位置在屏显基础的可视化中大多数情况下可以看作是显示屏幕平面。对于屏显表征的大数据可视化来说,所有的节点都会对应着单幅页面中具体的平面位置。平面位置是最常用的也是最容易引起预注意处理的表征方式,上一节中所述的最基本的图元关系架构就是定义各节点的平面位置关系。

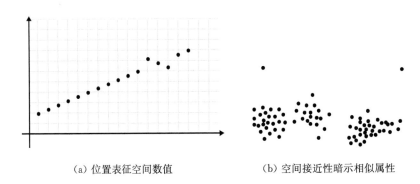

(a) 位置表征空间数值　　　　　　(b) 空间接近性暗示相似属性

图 4-14　平面位置定序表征维度

(2)色彩对比维度

色彩是可视化中常用的表征维度,色彩对于定量信息的表征是依靠色彩对比来实现的。所谓色彩对比是指节点表征色彩与背景色之间的色差(ΔE^*)对比,而不是表征色彩本身的明度、纯度或者饱和度值。如图 4-15 所示,和背景色的色差对比越大,其视觉凸显性越强即预注意强度高,可以暗示该节点的某个维度的数量值更大。色彩对比维度可以用来单独表征或者和其他定序维度一起共同表征某个量值的维度属性。同一色彩的透明度可以改变前景色和背景色之间的色彩对比,是色彩对比维度中的一种常见特例。透明度通常用来定量表征某个范围区间的信息维度,透明度高往往对应着小数值,而透明度低则对应着大数值。由于不透明度的最大值为100%,因此透明度编码经常用来表征百分比维度数值。

(a) 深色背景下的色彩对比　　　　(b) 浅色背景下的色彩对比

图 4-15　色彩对比定序表征维度

（3）线的宽度与长度

线的宽度与长度是比较直观的定序表征维度。一般来说,更宽的线条和更长的线段对应着大的量值,如图 4-16 所示。虽然该表征维度的定序关系表达直观,但它能够被感知的阶层有限,适合表征维度数目较少的定量维度。其中线的宽度的有效感知阶层少于线的长度。

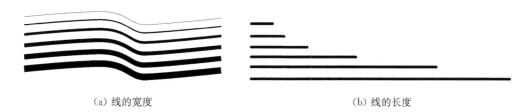

(a) 线的宽度　　　　　　　　　　(b) 线的长度

图 4-16　线的宽度与长度定序表征维度

（4）角度/斜度

角度/斜度也是一种可以表征定量信息维度中各节点量值比较的定序表征维度,如图 4-17 所示。角度/斜度的定序表征维度有很多限制,通常需要和其他维度结合来表征,例如平面位置和色彩对比。同一平面位置和相同起点上的角度之间较容易比较,而不同位置的角度表征难以进行量值之间的比较。另外,锐角之间的量值比较较为容易,超过一定角度(接近180°)后就会失去比较意义,容易产生识别歧义,因而较少应用。

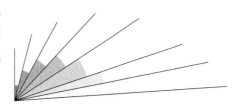

图 4-17　角度/斜度定序表征维度

（5）大小与体积

大小和体积也是定序表征维度。大小是指封闭图形的尺寸（面积），它是最常见的节点定量表征维度，但由于人对于尺寸阶层的识别度有限，因此尺寸只能近似地表征一定范围差异下的定量维度。大小是二维上的体量感视觉表达，体积是三维上的体量感视觉表达，如图 4-18 所示。大小的应用范围和识别度都优于体积，在节点—链接图中的应用广泛。

（a）大小的定序表征　　　　　　（b）体积的定序表征

图 4-18　大小与体积的定序表征维度

4.3.1.2　定性编码维度

在信息的维度属性中，除了用量值来表示的定量维度外，还有体现分类特征的定性维度。定性信息维度可以体现各部分信息元在某个属性上的同一性，例如男/女；或者连续阈值信息的分阶表征性，例如色相。常用的定性编码维度包括色相差异、封闭图形形状和纹理。

（1）色相

色彩的色相可以用来定性表征维度，例如同一种色彩（即色相环中相邻位置的色彩编码）下的细分色彩可以用来表征同一个维度属性类别。色相对于定性维度的表征效果随着色相种类的增加而减少，如图 4-19 所示，当采用两种不同色相来区分定性维度中的两个不同属性时，识别效果很好；当增加到 6 个时，不同的色相之间的干扰性会降低识别绩效，同时增加认知负荷。

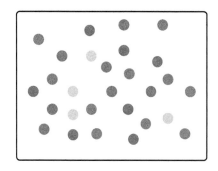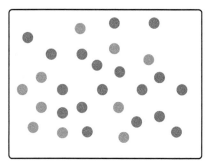

（a）6 种不同色相　　　　　　　　（b）两种不同色相

图 4-19　色相定性表征维度

（2）图形形状

形状是定性表征中常用的表征维度，除了基础的几何形状外，有时候会采用抽象简化后的图标符号来表征特定信息。如图 4-20 所示，形状定性表征维度可以分为不包含语义特征而只做不同类型区分的一类，以及包含语义形状可以暗示该类型含义的图标符号的一类。图标符号对于理解对象类型属性具有积极意义，但当可视化节点数目过多时，宜采用最简单的几何图形来区分不同节点以降低认知负荷以及图像复杂度。

（a）不包含语义特征的形状　　　　　（b）具有语义特征的形状

图 4-20　图形形状定性表征维度

（3）纹理

纹理对于理解对象的位置和边界形状具有重要意义，可以帮助形成对区域的空间感知。除了云状纹理外，大部分纹理都具有清晰的边界特征。纹理具有三种基本参数[138]，分别为方向、尺寸和对比度，图 4-21 从左到右以"纹"字为对比区域分别展示了改变三种参数后的纹理对比。可以看到的纹理上的差异就是来源于这三种参数的变化。而这三种基本参数变化的幅度决定了纹理之间视觉感知上的差异性。在流场可视化中常用纹理定性维度来表征不同属性。

（a）改变纹理的余弦方向　　　　（b）改变纹理的空间频率　　　　（c）改变纹理的幅度或对比度

图 4-21　纹理定性表征维度

4.3.2　视觉编码维度的整合与分离

大数据可视化中最主要的矛盾之一就是过多的数据维度依赖于相对有限的视觉编码维度呈现。这其中，视觉编码维度并非所有视觉编码方法的简单累加，因为有些视觉编码通道并非可以独立被感知而是互相影响的[139]。因此需要了解是否能够独立于一个编码维度（例如色彩）而感知另一个编码维度（例如尺寸）的数值或者性质。

对于编码通道的整合和分离状况,常用的研究方法是首先设置某个多维度编码图形 A 和 B,这二者有共享的编码维度(例如形状),同时也具有不同的编码维度(例如空间位置),这时再创造一个多维度编码图形 C,通过调整 C 的各种参数请被试判定 A、B、C 三者之间的同组性,从而判定两个维度之间的整合或者分离情况。图 4-22 中(a)的状态下 A 和 B 具有相同的 x 轴尺寸,但是由于 x 轴尺寸和 y 轴尺寸为整合维度相互依赖和影响,因此具有共同 x 轴和 y 轴比例的 B 和 C 更接近。在图 4-22(b)中,虽然 B 和 C 之间 x 轴和 y 轴尺寸都等同,但是由于亮度编码维度是一个与 x、y 轴尺寸相对分离的视觉编码维度,会被优先感知,因此 A 和 B 在视觉上更接近于一组。当然,在实验中每种编码的强度也会影响实验结果。

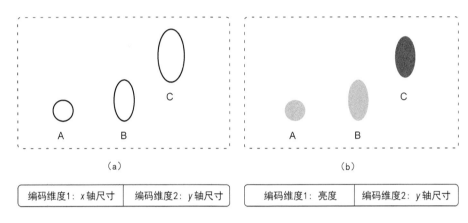

图 4-22 双维度整合—分离相对性检测方法示意图

基于实验统计的两个视觉表征维度之间的整合到分离的情况,将双视觉表征维度间的关系划分为三个类型。从相对整合到相对分离分为高整合型双维度编码、整合—分离型双维度编码以及高分离型双维度编码。

(1) 高整合型双维度编码

当同时使用这一类中两个表征维度时,二者的感知相互干扰,观察者很难完全摆脱另一个维度上的影响来单独识别单个维度上的差异。图 4-23 列举了几种常见的相互干涉作用强烈的双编码维度。在色相表征上,通常采用红绿色相差或者蓝黄色相差来进行可视化表征(例如热图)。而这两种维度之间是很难分离的,如图 4-23(a)所示,观察者难以抛开红绿色相差来单独感知蓝黄色相差。由于黄色的明度很高,因此蓝/黄色相差本身具备一定的明度差异。而红/绿色相之间明度比较接近,它和色彩明度表征维度混用的时候也是很难将一个表征维度剥离出来感知,如图 4-23(b)所示。因此,在大数据可视化中需要尽量避免采用这两种表征维度来同时表征两个独立的信息维度。而在图 4-23(c)中则体现了另一种情况,形状的高度和宽度可以看作是两个相对独立的表征维度,观察者会将这二者整合为一个形状维度来综合感知。而这种表征方式是一种常用的降维表征方法,即用一个复合视觉维度来表征两个(或以上)独立的信息维度。例如大数据可视化中常见的星坐标图(图 4-11)就是将多个信息维度复合为一个多角星状图形来进行认知降维。

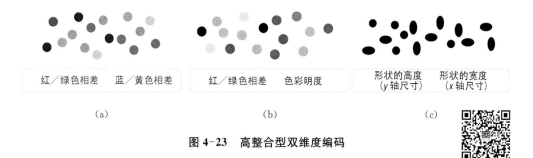

图 4-23　高整合型双维度编码

(2)整合—分离型双维度编码

整合—分离型双维度编码中的两种视觉编码可以被观察者所感知,但在认知过程中会受到另一种维度的干扰。在大数据可视化中,由于待表征的信息维度过多,这种情况几乎是不可避免的。在可视化过程中可以依据信息维度的重要性等级来安排表征维度。如图 4-24 所示,当形状表征维度和尺寸、运动方向及色彩等表征维度混用的时候,二者会呈现既分离又有一定干扰的感知效果。这会给观察者认真辨别造成一定的认知负荷,当这二者都不属于重要度等级最高的信息维度时,这种编码方式是可取的。

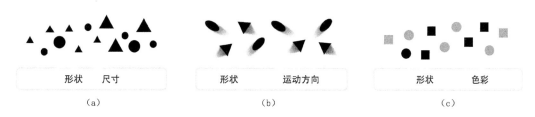

图 4-24　整合—分离型双维度编码

(3)高分离型双维度编码

这一类型中的两个维度之间相对较为分离,在两种维度编码情况下,观察者可以容易地区分出某一个维度上的差异而不受另一个维度的影响。如图 4-25 所示的色彩和运动方向、平面位置和形状、平面位置和尺寸、平面位置和色彩 4 对双维度表征中,观察者可以独立感知其中的一个表征维度而基本不受另外一个维度的干扰。因此,高分离型双维度编码是比较理想的主维度编码方式。对于重要性等级高的多个信息维度的复合编码,就需要运用高分离型双维度编码来表征。

维度之间的整合—分离情况都是相对比较而言的,因为在绝对意义上两个维度表征必然会产生相互作用。整合和分离维度理论目前还并不完善,还需要大量的实验及

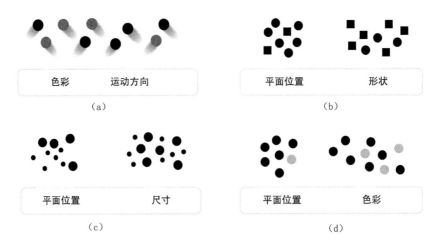

色彩　　　　运动方向　　　　　　平面位置　　　　形状
（a）　　　　　　　　　　　　　　（b）

平面位置　　　　尺寸　　　　　　平面位置　　　　色彩
（c）　　　　　　　　　　　　　　（d）

图 4-25　高分离型双维度编码

生理学机制的研究来支撑。例如,有关三维表征中深度编码和其他维度的相互影响的领域还比较空白。由于人的注意力资源的有限性,在设计可视化视觉维度映射的时候,要充分考虑到整合—分离维度特性。当设计希望认知主体对两个维度的综合体做出整体感知的时候尽量考虑采用更整合的维度结合表征,当需要对某个单一维度进行独立感知的时候,在表征多种维度时则考虑采用可分离维度来减少其他表征维度对它的影响。

整合—分离编码着重研究两个不同的信息维度的不同视觉编码维度之间的干涉作用。而还有另一种情况是同一种信息维度同时用两种视觉编码来表征。这种常用的编码技术叫作冗余维度编码。在第三章中所列举的双维度编码的范例(图 3-16)就能有效地说明冗余编码的作用。基于 Paivio 的双通道理论和 Sweller 的认知负荷理论,Mayer[140]提出了多模态表征的认知理论,他认为以不同格式编码的信息是通过两个独立的通道进行认知处理的。根据这个理论,图像信息通过视觉通道处理,而屏显文本信息虽然属于视觉信息,但在经过最初的视觉通道处理后却会被转化为语音信息并通过语言通道进行处理。但是,研究同样表明采用冗余编码虽然可以增强认知效果,但代价是增加了认知负荷,因此在高维多元的大数据可视化中要慎重采用。

4.3.3　运用复合表征维度进行认知降维

可视化的过程是实现信息维度到视觉呈现维度之间的映射。一般情况下在单页面上,信息维度和视觉呈现维度之间是一对一的映射关系,在采用冗余编码技术的时候是一对多的映射关系,在采用复合视觉编码进行认知降维时是多对一的映射关系。而这种一对一的映射关系除了在单一维度上需要满足定性和定量维度映射的隐喻表征外，还需要将信息维度之间的内在联系和视觉呈现维度之间的整合与分离规则相匹配来达到视觉编码技术的有效性。当界面中需要展示的信息维度数量较多时，彼此之间必然会产生认知干扰。在合理利用定性及定序表征维度的前提下，结合表征维度之间的整合分离规律、运用复合表征维度进行认知降维是高维信息的一个有效表征手段。

复合表征维度是指代表多个信息维度的多个整合型表征维度所组合构成的独立节点表征维度，其中的多个信息维度之间具有高相关性。图 4-26 中的可视化实例是由 David Laidlaw 所制作的一个流场可视化。该可视化中展示了气缸流体流动的 7 个维度上的量值，分别采用 7 个表征维度来进行视觉呈现。三角形箭头的方向和面积表征流动速度矢量，其中面积表征速率、锐角指示方向表征流动的速度方向。椭圆形上则一共表征了 5 个维度量值，其色彩和纹理表征涡度上的两个值，而椭圆的形状和方向（长轴尺寸、短轴尺寸、长轴方向）则表征了变形率张量上的 3 个维度量值。我们可以看到，7 个数据信息维度对应着 7 个表征维度，为了实现认知降维，这 7 个表征维度构成了两组复合型表征维度。椭圆的色彩和纹理是一个相对整合维度，椭圆的形状和方向是一个相对整合维度，这两组维度之间则较为分离可以进行分离感知。但是无论是相对整合的维度，还是相对分离的维度都会对其他表征维度的感知产生一定的影响，认知主体不可能完全独立地去感知一个维度上的数据信息。

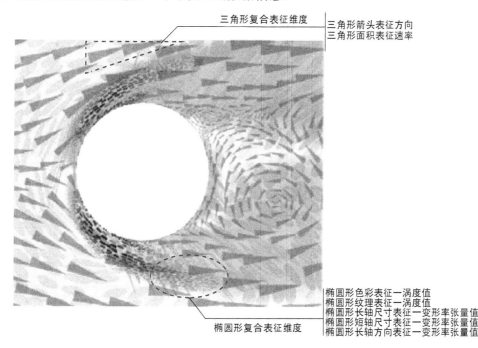

图 4-26　流场可视化中复合表征维度图例

（可视化图片由 David Laidlaw 制作，图片源自 Ware C, 2012[141]）

在读取该可视化图像时可以明显地感受到,尽管在可视化过程中运用了整合维度表征技术来表征强关联的信息维度,6 个维度的平行展示仍然给用户造成了很高的认知负荷,维度表征之间的干扰在一定程度上影响了维度的感知。图 4-27 为用 R 软件制作的某数据多维尺度分析后的多维数据可视化图形。在该图中表达了 5 个数据信息维度,同时采用 5 种表征维度。用 X、Y 轴的位置来表征最重要的多维尺度分析降维后的前二维信息,聚类信息用色彩来表征,节点大小对应另一个需要表现的数值型数据维度,而数字则表征了节点序号。可以看出,遵循分类和定序表征方法后的可视化是方便读者阅读、理解和识记的。

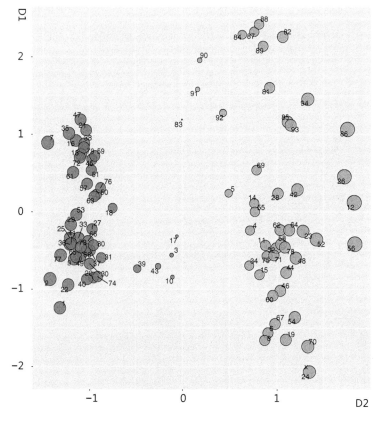

图 4-27 多维尺度分析的多维数据可视化

例如,如果我们希望能够可视化出 1 000 种昆虫的 10 种不同的属性特征,那么单一页面上的平行展示就无法实现。即使我们运用了高精度和高速度的计算机处理和显示设备能够实现它的展示,展示出来的画面也不符合人的认知特征。但是,这种可视化需求在大数据的可视化中是常见的,那么更多的维度展示则必须要通过时间上的相继展示和可交互式的分层展示来实现。

4.4　大数据可视化中运动信息的视觉编码

　　运动信息的视觉编码是大数据可视化中的特有内容。除了静态的页面表征以外，由于大数据高维多元的信息特点,其可视化往往是多页面动态展示的。心理学家已经证实了大脑对于具有将群体移动的对象感知为一个分层信息的强烈的趋势[142]。当动态表示若干点数据时,具有相同运动方向和趋势的点会被自动归类为同一层次。如图4-28所示采用运动趋势和形状两种编码方式表达的几个节点图形,图中可以强烈地感受到具有相同运动方向和趋势的节点被自动加工为同一层级,而形状编码则影响不大。基于此,可以认为动态的展示方式比静态的展示方式更容易帮助认知主体构建出心理运动模型。例如我们希望感知某个物体的运动方式,那么时间上相继、空间上连续的多帧的动态展示方式更容易被理解到。实验表明,动态和静态的展示方式只是在运动的感知上有差异,而页面上其他不随着时间改变的元素,例如色彩、系统空间组织等则感知绩效没有差异。从第三章对人类视觉特征的讨论中可以得知,认知主体只会选择最重要的信息进入资源极其有限的工作记忆中加以处理。那么视觉凸显性则是可视化表征非常重要的一个要素,而动态可视化对于运动的表征可以吸引人们的注意力到变化的元素上。根据一致性原则[143],动态可视化的表征方式有助于表达随着时间连续变化的运动轨迹和运动特征。

图4-28　相同运动趋势视觉要素自动处理为感知同层

　　相对于静态可视化,动态可视化所面临的挑战在于高工作记忆负荷以及视觉显著性和相关性不完全统一的问题。首先,动态可视化具有瞬时性,它要求认知主体必须记住前面展示的信息再与后继信息进行整合[144];其次,动态可视化必须将有限的注意力资源分配到同时发生的凸显事件中,这些事件在一些情况下和认知任务并不相关[145]。这就导致了在一些情况下,图示的动态可视化在对表征对象突出细节去除无关特征的简化和提炼方面具有一定的优势。图 4-29 展示了同一运动模式静态平行呈现下的真实场景可视化和图示可视化两种表征方式。可以看到真实场景下的可视化展示了更为丰富的细节,而图示可视化则更加突出运动模式特征。

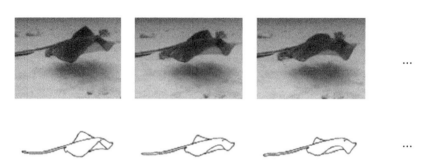

图 4-29 真实场景可视化和图示可视化表征同一运动模式静态平行呈现示意图

(图片来自 Brucker B et al,2014[146])

运动可以直观地表达因果关系。例如某个物体的运动触发了另一个物体的运动,则很容易感知到二者之间的关联。在一般的屏幕观看距离下,人对于运动的敏感感知时间大约在每秒钟几毫米到每秒钟几百毫米之间,一般采用每秒几厘米的方式展示。因此我们会经常见到加速植物生长的运动展示方式和渐缓子弹运动的展示方式。因此在可视化中,如果想要动态地展示事物之间的因果关系则必须要在 1/6 秒内同步运动[147]。

而在静态可视化中如果想要感知事物之间的关联只能用二者之间的连线表示。例如可以在连线上添加箭头来表示两个节点之间的因果关系,但是这种感知是建立在人们对于常规编码语言的理解之上的,而不属于人类的基本感知能力。采用静态表征来展示运动特征需要人们在内在心理上构建动态的运动,需要认知主体具备较强的时空能力。研究表明,使用简单动态表征可以强有力地表达数据中的某些种类的关系。抽象形状的动画可以自然地传达事物显著性变化趋势,这一点是优于静态图像的。最重要的是,动态表征不需要认知主体高级复杂的描述性认知过程的参与,只需要观察和理解动态表征的内容,而这是属于人们基本的视觉感知能力。

4.5 可视化界面组件

大数据可视化不再是以一个静止的图形存在的,而多是以一个可以交互操作的动态可视化界面的形式呈现。因此,研究大数据可视化的视觉表征方法就无法避开可视化界面的设计组成。优良的信息组织架构可以支持用户手眼协调,减少理解可视化时的认知负荷,能够让新手用户快速学会使用可视化界面,提高用户的信息接收率。从内容和功能上,可以将组成可视化界面的组件分为内容型组件、导向型组件和拓展型组件三个部分。内容型组件是数据信息图形化后的可视化主体,是视觉对象和数据主体在屏幕上的视觉映射。导向型组件是用户应用领域的组件,可以实现对查找内容准确的定位和更好的理解。拓展型组件包括解释型组件和附加功能组件,其中解释型组件是对各种层级上内容的解释;附加功能组件包括对页面的一些功能性操作和链接。

4.5.1　内容型界面组件

内容型界面组件是可视化的主要构成要素,它是视觉对象和数据主体之间直接的视觉映射。通常情况下,当对象的组件与所表示的数据具有自然或隐喻关系时,对象显示将是最有效的。大脑中储存了一些特定的匹配原型,在读取可视化图形的时候就是一个对图形的匹配识别过程,视觉图像能够帮助用户快速识别视觉对象并辅助记忆。在表示三维物体时,采用与生活中相同或者相似的视角进行观察,则视觉对象更容易被识别。例如,人们非常擅长进行人类面部特征的识别,但是将面部图像倒置后,对它的识别能力则会大大削弱。

内容型界面组件是可视化内容的视觉呈现,从跨领域的视角上可以将内容在三个维度:层级、载体和量级上进行分类。在层级上分为原始数据和元数据,其中元数据是对数据自身属性的注释,其概念在第二章中已经阐述。在载体上可以分为视频、动画、图像、屏显文字、语音信息等;而在数量级上则可以分为单个数据对象、数据对象集合和整个对象数据库。例如,一个单个视频文件在内容维度上可以被归类为{层级=原始数据,载体=视频,量级=单个数据对象}的内容属性类别。

内容型界面组件根据其表征数据特征的差异而呈现出不同的样式,在流场可视化中内容主体多以各种视角与模式的渲染图的形式来展示,在信息关系可视化中则多以节点—链接图的形式呈现。除了数据的直接视觉映射展示,可视化中的坐标轴、引导线、参考线等也是信息维度的视觉表达,同样属于内容型界面组件。

4.5.2　导向型界面组件

4.5.2.1　传统导向型界面组件

导向型界面组件是用户与应用领域的组件,是为了帮助用户更好地理解可视化。界面组件设计的指导原则是将显示格式与表征语义相匹配,其中导向型界面组件的设计目的是让用户明白在可视化中所处的位置、到过的位置和目标位置。用户可以通过与导向型界面组件的交互操作从而一步步地接近于目标对象。导向型界面组件包括图4-30所示的超链接、单选框、多选框、下拉菜单、范围滑块、输入框、颜色选择器、标签云等，还包括在第三章中(图3-14)所描述过的面包屑导航及带有交互功能的缩略图。另外在很多情况下，内容型界面组件自身的可拓展性使其自身也具备导向功能。

　　超链接提供了一种以文本值展示的简单直接的跳转机制。单选框可以在实施选择后从显示界面中删除，但多选框必须保持可见以便进一步导向时进行选择操作。下拉菜单一般多为单选模式，可以帮助确定某个维度属性值。范围滑块是定量数据选择中常用的格式，他们可以用附加信息来补充以传达信息景观。由于范围滑块只需要移动一端或者两端的控制图形来选择范围，因此具有较高的操作效率。但是这种范围选取的方式难以对数据范围进行精准的定位。这时我们可以采用输入框的方式来输入精确的量化值，同时可以将定量数据投射到带有间隔尺度的细分范围进行输入操作。对于

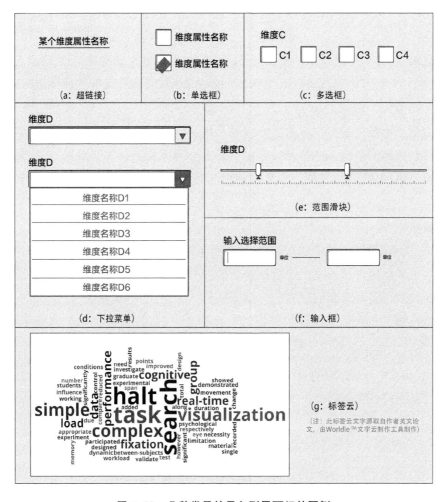

图 4-30　几种常见的导向型界面组件图例

领域专家用户,可以通过输入框输入多重维度的术语进行直接定位查找。标签云可用于呈现从非结构化内容中提取的术语,通常情况下会按照术语的出现频率来显示标签云中各词语的大小,从而可以从概率上提高搜索操作的绩效。

4.5.2.2　嵌入式可视化交互

随着大数据可视化的发展,近年来出现了更多的嵌入式交互方式,即对可视化表征图形进行交互式操作来达到更精确参数化和进一步查询的认知目的。相对于采用传统导向型界面组件的交互模式,嵌入式可视化具有三个优势。首先,用户无须在进行交互操作的时候改变认知的兴趣区,这样就减少了不必要的视点移动。其次,由于减少了传统的导向型交互组件,用户可以不需要去理解组件操作和表征图形变化之间的映射关系,也就减少了认知摩擦发生的概率。除此之外,嵌入式可视化由于去除了传统的导向型界面组件,因此屏幕中整体的可视化的视觉复杂度降低,同时去除了传统组件所占用的屏幕面积,可以部分地减缓大数据可视化的空间局限性问题。

嵌入式可视化交互可以用于改变可视化表征图形形状(例如改变点的大小)和深入查询功能(例如点击节点进入节点详细页面)。常见的嵌入式可视化交互方式分为两种类型,如图 4-31 和图 4-32 所示。在大数据可视化中常用的一种表征技术是图例映射

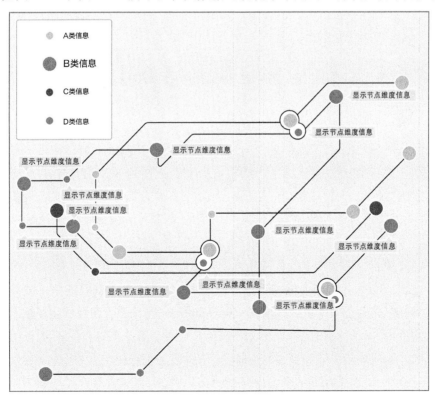

图 4-31　嵌入式可视化交互技术之一——交互式图例

（即第七章中所论述的长焦镜头技术），这种技术提供主体可视化图形中的维度的视觉解释。第一种常见的嵌入式可视化交互就是交互式图例。用户可以通过对图例中映射图形的操作而改变主体可视化中的图形表征。另一种常见的嵌入式可视化交互形式是对主体可视化图形进行直接操作，改变图形属性或者进行进一步查询。

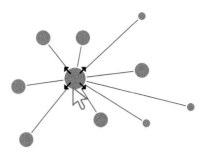

图 4-32　嵌入式可视化交互技术之二
——表征图形直接交互

嵌入式可视化交互的原则是对表征图形的直接操作以及瞬时的可视化显示进行反馈。由于没有额外的展示组件来表征交互的参数范围和选择范围，因此需要可视化图形及时（140 ms）[148] 地变化来让用户感知操作的有效性以及交互的方向或者量值范畴。从这一点上可以说嵌入式可视化交互在具有优势的同时对计算机性能的要求更高。另外，研究表明在对图形直接交互操作产生可视化图形变化的过程中，用户对距离、平面位置和长度的展示维度的交互改变的量值估计要高于着色、面积和曲率的展示维度[149]。这就要求在采用嵌入式可视化交互时，可视化中表征量化信息维度的展示维度要慎用估值精度低的着色、面积和曲率的视觉编码维度。

4.5.3　拓展型界面组件

拓展型组件是可视化页面中辅助的却必不可少的部分，它能够帮助用户动态实现信息获取。拓展型组件包括解释型组件和附加功能组件，其中解释型组件是对各种层级上内容的解释，可以让用户了解可视化的主题、每个节点、链接及交互性组件附加的注释，它包括可视化标题、节点信息注解、动态注释等。有的解释型组件会占据固定的页面位置，如可视化标题，而有的解释型组件会采取叠加显示的展示方式，如交互操作时跟随鼠标的注解。附加功能组件包括对页面的一些功能性操作和链接，例如与可视化制作者及相关团队的通信链接，图像中图层的锁定及信息维度拓展注解选取的控件等。

图 4-33 展示了一个典型的大数据可视化界面，该界面是动态交互式的，展示了从 1800 年到 2015 年世界各国人民的预期寿命和收入走势，本文截取其中一帧图像进行界面组件注解（其动态图像源截屏取自 www.gapminder.org）。图中的主要展示区域中所展示的是动态显示的内容型界面组件，包括各个国家的节点展示（不同大洲编码为不同色彩，尺寸编码展示人口量级）和时间维度信息以及坐标轴尺寸和标注（横坐标展示了人均 GDP 收入，纵坐标展示了人均预期寿命）。其动态的展示方式有利于用户快速感知节点发展变化趋势。右侧蓝色标注部分为导向型界面组件，通过这些组件的选择

可以帮助用户确定所展示的数据维度以及既定定量维度的量值范围。上、下方的红色标注部分为拓展型界面组件,这类组件通常展示于可视化界面的四周或者采用叠加展示的形式附加在内容型界面组件或者导向型界面组件上方展示。这三类界面组件都不是静态的,它们都附加了一些操作控制动作,可以通过例如鼠标悬停等交互操作来展示更多的信息和维度,同时又保持了正常状态下对主要展示区域的突出。

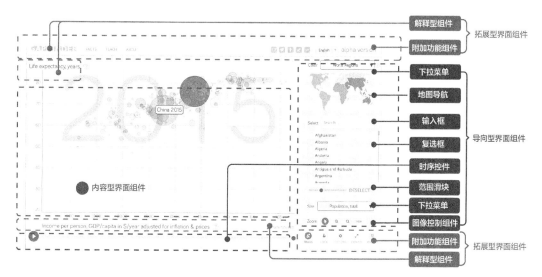

图4-33　一个典型大数据可视化的各类界面组件分布

本章小结

在第二章大数据特征和第三章认知特征分析的基础上,第四章具体分析了大数据可视化的视觉表征方法。从全局和微观视角来阐述其视觉表征策略,以形成从信息维度到呈现维度的映射。分析了加入时间维度的动态分层展示策略,并加入实验来寻求时序信息线性表征的方法。最后,针对大数据可视化界面,提出了其视觉呈现中的多类型界面组件。内容主要包含:

(1)从大数据可视化的全局布局策略出发,分析信息图元关系架构。对笛卡儿坐标系和极坐标系以及其他类型的坐标系下的图元关系进行分类阐述。

(2)从微观视角上,对大数据可视化中信息维度的视觉编码方法展开论述。包括定性与定量信息维度所对应的定性与定量视觉表征维度分析,多个视觉维度之间的整合与分离特征。

（3）提出动态表征中运动表征所对应的感知特点,并通过实验分析了线性节点的动态表征方法。

（4）大数据可视化通常以界面为实现载体。将界面组件进行分类,依次阐述了内容型组件、导向型组件和拓展型组件的功能与展示方法。

第五章

大数据可视化的交互设计原则与维度

实现人与大数据信息之间的沟通与交互是大数据可视化的目标,第五章和第六章将对大数据可视化的交互空间展开论述。大数据由于其高维多元的特点,无论以何种可视化技术进行渲染都无法在单一页面中呈现所有的信息。动态交互性成了大数据可视化区别于传统数据可视化的重要特征。作为人机协同作业的复杂认知系统的一部分,大数据可视化界面需要理解人们的意图,以人的认知需求作为基本导向,通过交互式的探索来实现可视化的认知目的。因此,交互设计是大数据可视化设计的重要组成部分。本章提出了大数据可视化需要遵循的交互设计通用原则以及具体可调节的交互维度。

5.1　大数据可视化的多页面视觉呈现

基于屏显的大数据可视化与传统的印刷制品有着本质上的区别,前者由于其高维多元的特点难以在单一页面上展示出全部的信息,具有强烈的空间局限性;而印刷制品则要求必须在单一页面中展示所有想表达的信息。所谓的空间局限性信息是指信息的数量较多,且信息间的关系复杂多样,因此可视化无法做到在有限的屏幕空间内展示出全部的信息维度和节点信息。空间局限性体现了大数据可视化的有限展示空间和高密度的高维多元信息之间的矛盾。有效的视觉表征可以部分地缓解空间局限性的问题,而交互式的分页面探索才能够从根本上解决这一问题。交互设计对于大数据可视化来说并不是锦上添花的作用。交互的存在从根本上改变了可视化设计的原则。在单张静止的信息可视化图像中,对可视化的要求在于尽可能在现有的二维展示空间内展示最多维度的信息。交互赋予了可视化以用户需求为导向的多层次的探索能力。认知主体可以通过几个简单的交互式操作来实现复杂的认知任务,通过交互式的可视化理解数据所需要的工作记忆要求被大大地减少了。

大数据可视化由于其高维多元属性导致的空间局限性问题必须要通过分层多页面的形式来呈现,那么多页面视觉呈现就是通过人的交互动作来实现多页面的切换。

在多页面视觉呈现的交互设计中最根本的目的就是要实现用户多页面间知识的连贯性。基于这个目的,在研究多页面的视觉呈现时,从交互设计原则、交互设计维度和交互表征策略三个部分入手。如图 5-1 所示,交互设计原则提供大数据可视化交互设计的目标导向;交互设计维度的提出给大数据可视化提供具体的可调节要素;交互表征策略则从人的认知绩效出发来探讨可用的动态表征方法。本章探讨大数据可视化的交互设计原则和维度,第六章中通过实验研究具体讨论交互表征策略。

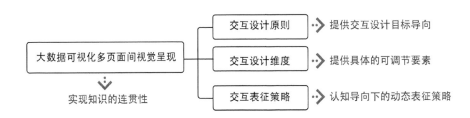

图 5-1 大数据可视化多页面视觉呈现研究的内容及目的

5.2 交互设计原则

对于交互设计的准则,本·施奈德曼于 20 世纪末创造了他所谓的"口头禅"来指导视觉信息寻求行为和界面支持,即"概述第一,缩放和过滤,然后细节按需"[150]。经过十几年的发展,如今人机界面交互设计仍然遵循着这一基本准则。但由于大数据可视化概念刚刚出现,因此尚缺乏针对大数据可视化的交互设计理论指导。本节结合大数据的高维多元属性所带来的认知负荷问题以及大数据可视化的复杂认知模型,从用户对大数据可视化的使用体验主观感受、理解性和操作绩效以及用户认知角度出发,提出了专门针对大数据可视化的交互设计应遵循的几个原则,包括标准化和一致性原则、降低用户工作记忆负荷原则、提供及时有效的反馈原则、构建心理认知地图原则和需要即呈现原则。

5.2.1 标准化和一致性原则

在大数据可视化中,由于页面的空间局限性,无法在同一个页面表现所有信息节点的细节,那么无论在同一页面的平行呈现还是前后页面的相继呈现之间都需要遵循表征一致性。表征一致性是指各显示要素应遵循统一的表征方法,在不同显示场景之间切换时其数据维度和视觉维度之间的匹配原则要一致或者进行等比例的缩放。在对一个可视化图形认知的过程中,认知图式起到了关键的作用,认知图式的作用过程就是一个模式匹配的过程。那么在前一个视图中所建立起来的认知图式在进入下一个视图的时候,这二者的表征形式越为接近,其需要的认知努力就越少,从长时记忆提取至工作记忆中的认知图式可以自动对新视图进行模式匹配。当二者的表征形式差别过大时,就需要新的图式来帮助认知主体识别视觉对象。但是这种表征的一致性要服务于可视化认知任务这一目的,在条件受限无法实现前后视图间一致性表征的时候,要指出明确的转换原理。按照人和显示器之间的信息交流的方式,可以将一致性分为显示上即输出编码的一致性和操作上即输入编码的一致性两个部分。

（1）输出编码的一致性

大数据可视化通常可以通过用户操作选择不同的可视化组织形式进行渲染,例如可以选择环形视图或者条形图来表征,那么在不同的视图组织形式之间也要保持一致性。这包括维度编码形状的一致性、维度编码色彩的一致性、定量维度数值增长方向的一致性等。由于大数据信息的复杂性,用户在进行不同认知任务时采用的多视图表征又会增加认知的复杂程度。相对来说,应用了编码一致性原则的交互设计更容易为用户所理解。图 5-2 展示了应用这一原则的大数据可视化实例,其为商业大数据可视化工具 dotlink360 用户界面中的两幅视图[151],其中(a)为细分市场视图,采用基于极坐标的环形视图组织形式。展示了惠普、希捷及其相关企业的市场分区,强调希捷的市场分区和其合作企业;(b)为链接关系视图,采用最普通的基于显示平面笛卡儿坐标的节点—链接图。该视图突出企业之间的合作关系。可以看到不同的视图组织形式,其表

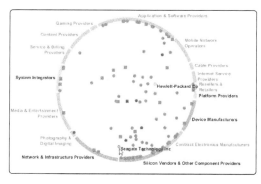 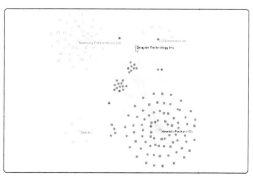

<table>
<tr><td>（a）细分市场视图</td><td>（b）链接关系视图</td></tr>
</table>

图 5-2　不同视图组织形式之间的表征一致性

（注:图中的可视化图形来自 Basole R C, et al,2013[151]）

征的重点不同。用户可以通过交互操作选择适合于认知目的的可用性视图。但是不同视图之间同一维度的表征在形状和色彩上都保持了一致性,便于用户对图形的理解,减少认知摩擦。

（2）输入编码的一致性

除了内容表征上的一致性,交互设计的一致性还包括输入操作上的一致性、动作的一致性、术语表达的一致性。例如:在控件中需要合并和删除节点、链接、图层等视觉实体要素,其合并和删除的语言表达和操作按键在控件中的位置都要尽可能地保持一致。并且,类似"删除""去掉""清除"等语义相同的术语的表述要同一化。实验表明,按钮定位设置的不一致会平均减缓用户操作的 $5\%\sim10\%$,术语表述的不一致将使操作绩效降低 $20\%\sim25\%$[150]。而一致性的任务序列可以允许用户在相似条件下采用相同的顺序和方式去执行任务。

在现阶段,指点设备,即采用鼠标和触摸屏操控的可视化界面占据了行业的主流。随着各种不同的显示终端性能的提升以及人们对数据便捷性的需求,大数据可视化在今后的发展中还需要适用于多个显示终端,例如桌面显示器、头盔显示器、手机屏幕、大型幕布等,这就要求大数据可视化在不同显示终端之间保持一致性。但是不同的显示终端其屏幕形状、物理尺寸、显示分辨率都有很大差异,不可能采用完全同一的显示模式,但是要尽可能地实现维度表征和交互动作的对应,或者是简化表征。在可以预见的未来,增强现实的显示方式、手势、语音和可穿戴设备输入给一致性带来巨大挑战的同时,也给其开创了广阔的研究空间。灵活性和一致性是相互矛盾的,如何设计出既适应各种显示终端和显示形式以及多种操控交互方式甚至是多人协同操作的交互模式,又能够使用户快速适应这种转移的可视化交互设计是未来的一个重要研究课题。

以上这些对于表征维度、动作输入、显控方式终端上一致性的要求,催生出对可视化交互设计标准化的根本需求。在设计初始阶段,就要形成完整的标准化指南文档,对各种术语、缩写、表征维度映射关系、交互动作进行预设和定义,以保证在设计后期实现各个层次上的一致性,降低用户的认知负荷、提高操作绩效。

5.2.2 降低用户工作记忆负荷原则

从第三章对视觉工作记忆的介绍可以看出,工作记忆是人类认知中的一块短板,过于有限的工作记忆广度相对于人类其他的认知能力来说是一个限制。因此,设计高维多元的大数据可视化中一个重要的原则就是要尽可能地降低用户的工作记忆负荷,而交互性的多层次、多页面的可视化界面是解决这一问题的有效手段。

工作记忆是用户临时存储和处理进程的加工场,它从感知记忆和长时记忆中提取有用信息来理解可视化所提供的视觉信息。在感知记忆中,具有视觉凸显性的视觉元素会优先进入视觉通道;在长时记忆中,认知图式会参与进行模式匹配,这时和长时记忆中固有模式越接近的表征形式越节约工作记忆资源。总体来说,这就要求在进行交互设计时,要尽量减少需要用户临时记忆存储的内容的种类、数量和难度。数量和工作记忆广度直接相关,由于工作记忆所包含的临时存储和信息处理两个进程是并行的,而这两个进程又会同时竞争有限的注意力资源,因此记忆难度增加会占用处理进程也同样属于工作记忆资源占用。

将该原则应用于大数据可视化设计时,首先需要在显示中尽量去除不必要的大段文字,采用肯定性、主动语态来表达信息语义和操作提示。在输入操作中,指点设备的操作效率要远远高于字符串输入操作。当需要输入冗长的代码清单时,采用选择粘贴或者智能提示输入的方式来减少对工作记忆的占用。同时要避免冗余的输入操作,两个位置的相同输入信息除了会产生负面情绪外还会极大地增加出错概率。另外,晦涩的图形编码和不常见的术语都会占用更多的信息处理进程,同时也会阻碍新信息的进入和记忆存储。

依据降低用户工作记忆负荷的交互原则,平行展示概览和关联视图(如图 5-3 所示)、同一图像中的变形展示(如图 5-4 所示)、同一图像中的透明度叠加展示(如图 5-5 所示)、时序信息相继视图中同一位置展示信息序列(如图 5-6 所示)都是能够降低用户

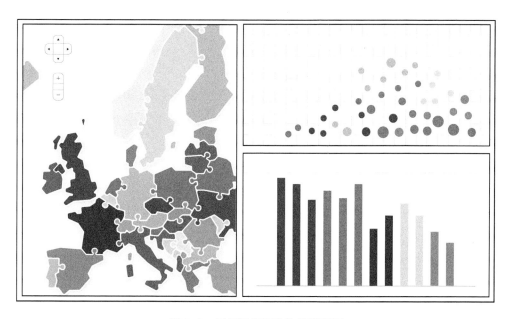

图 5-3　平行展示概览和关联视图

在读图任务时的工作记忆负荷的有效解决方案。其中图 5-3 所表达的是概览和关联视图的平行展示形式,该形式下用户可以同时浏览多个视图,包括概览视图和关联视图,并且对每一个视图可以单独交互操控来转换比例尺和视角,联动的操控效果可以让用户同时感知整体和局部上的变化。图 5-4 所表达的是同一图像中的变形展示,它包括鱼眼镜头、几何变形、语义缩放、远离焦点的节点聚类等多种具体技术,这些技术的目的是使用户能够在有效读取目标视觉对象信息的同时还能够感知到对象在整体中所处的位置,边缘的失真和缩小的显示对中央区域的感知影响会大幅减少。其中,语义缩放不同于简单的几何缩放,它除了提供视图的比例放大外还添加了额外的细节信息,在过程中可以添加新的信息描述。图 5-5 是采用叠加展示的形式,叠加展示是交互式可视化中最常见的细节展示形式,它可以在原视图之上展示扩展信息,带有透明度的叠加展示不影响后面图层的基本视觉感知,减少或者避免了可视化中常见的"迷失"现象[152]。图 5-6 所表达的时序信息相继视图展示形式,通过在同一位置按时间轴播放来展示维度信息在不同时刻的状态,形成时序上的动态展示,这种动态展示有利于用户从变化中发现规律和趋势。

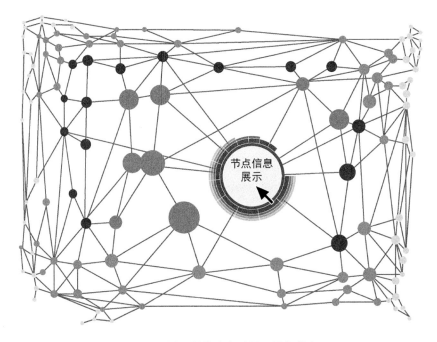

图 5-4　同一图像中变形展示层级信息

(注:该图为抽象表征示意图,其可视化架构模式取自 Sarkar and Brown,1994[153] 所绘制的鱼眼视图的美国城市关联图)

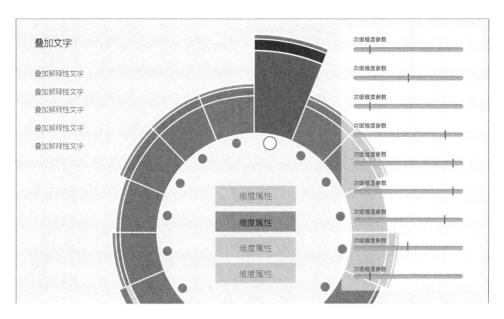

图 5-5　同一图像中的透明度叠加展示

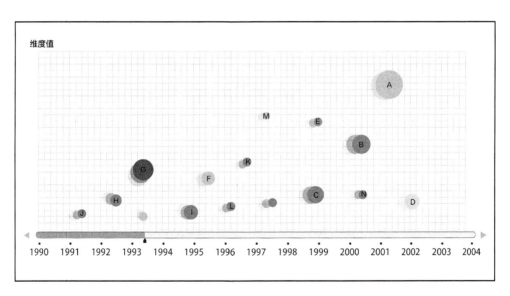

图 5-6　时序信息的相继视图展示

5.2.3　提供及时有效的反馈原则

反馈是来源于控制论的一个基本概念,指将系统的输出返回到输入端并以某种方式改变输入,进而影响系统功能的过程。人和机器之间有效交互的前提是计算机必须能够被使用者理解和预测,知道机器正处于什么状态,正在做什么动作,下一步的动作会是什么。这就要求机器能将输出返回到输入端即操作者,给操作者以控制效果的认知。在遵循反馈原则进行交互设计时,应考虑操作动作有效性反馈、更正错误输入的反馈及反馈的时间要求几个方面。

(1) 操作动作有效性的反馈

在反馈显示中,快速且兼容的反馈是非常重要的。界面中的操作都是属于间接操作,我们期望能够让用户得到直接控制的错觉,这种错觉是有利于感知操作的有效性的。当用户操作屏幕控件时,可视化界面常见的反馈变化包括色彩的变化、形状的变化、控件的增加或删除、页面的切换或者消失等。其中,色彩显示变化的反馈是最节约开发成本的一种反馈,通常来说高纯度以及和背景之间的强对比度暗示着当前活动控件和主要信息,而低纯度以及和背景之间的相对弱的对比则往往隐喻着非活动控件、次要信息。在反馈设计中,形状的增加、变形与消失等动态显示设计要和输入操作在心理表征上达到一致。

(2) 更正错误输入的反馈

人的出错是不可避免的。在实际的输入操作中,用户很容易会产生错误的输入,例如无法识别的格式、拼写的错误、错误的阈值范围等。这时计算机应当智能地识别错误并给出正确输入的引导,过于简单的错误输入提示会给用户带来挫败感。如图 5-7 所示,(a)中展示的反馈方式只给出了计算机对于输入信息的判断,会给用户带来明显的挫败感;而(b)中的反馈方式不但指出了错误发生的具体位置,并且给出了智能引导,用户可以快速识别并纠正输入,是一种人机友好的、积极的反馈方式。

(a)   (b)

图 5-7 带有正确操作提示的错误信息反馈

(3) 反馈的时间要求

Shneiderman 等学者研究表明,当输入操作无法和生活实际相匹配时(例如窗口滑动条,鼠标点选旋转节点等),人们对手眼协调反馈、知觉运动反馈的感知时间是 0.1 s[150],在这个时间之内用户都可以获得直接控制的错觉,而这种错觉对于肯定自身的操作是必不可少的。这个 100 ms 的概念并不是要求系统一定要在 100 ms 之内对用户的操控做出响应,而是需要显示出用户操作的效果(例如按钮显示被按下),超过这个时间用户就难以建立起动作的直接反应的反馈,一般会再次操作动作。在鼠控操作中,动态查询[154]、维度刷[155]和悬停都需要大约两秒钟的鼠标初始移动动作。在这个初始设置时间之后,鼠标可以允许在紧张的、探索性的视觉反馈中快速移动,而数据则根据鼠标移动而相应地做出连续修改变化。在可视化交互过程中,大的任务会被分解成多个小任务,例如一次节点旋转、一次控件移动等,每个最小单元的子任务的时间单位应设计在 10 s 之内,超过 10 s 的子任务应当被再次分解。除此之外,超过 10 s 不响应的任务,通常会让使用者形成系统出错的心理感知。

5.2.4　构建心理认知地图原则

高维多元信息的复杂性和物理展示空间的有限性产生了序列呈现信息的需求,同时也导致了相继视图中信息整合的困难。交互式可视化界面设计的基础问题可以被表述为一个简单概念,就是信息的平行展示和序列展示之间的平衡。而用户在多页面可视化展示中,形成正确有效的心理地图是交互式可视化所追求的目标。用户真实世界中的交互能力的发展可以转换为信息技术下的交互应用。

认知空间地图包含声明性知识和程序性知识,但关于这三者之间的形成机制,在学术界还有所争议。最初所提出的机制被称为三阶段模型[156],首先提供关键感知地标知识,但并没有标明它们之间的关系,这一阶段认知主体得到声明性知识,第二阶段的程序性知识则是提供各关键感知地标之间的关系路径,每个地标称为决策点,路径代表方向。最终形成一个对应虚拟空间的心理认知空间地图。但是他们的理论是完全遵循着由声明性知识到程序性知识再到认知空间地图这样三步走的模型而建立的。而后有学者通过实验研究认为声明性知识和程序性知识构成了分类信息,而认知空间地图提供坐标信息,这二者的出现没有前后关系,关键地标则是这两种知识沟通的桥梁[157]。基于前人的心理学理论研究可以看出,心理地图的构建和关键地标、信息拓扑结构和坐标架构密切相关。

空间组织能够将一般的用户内置心智模型转换为一个感知地图。用户不需要全部记住系统的组织数据,只需要通过当前面画中的视觉线索就可以实现在虚拟系统内移动,就像在真实空间中移动一样。空间接入技术可以让用户基于一个拓扑结构来架构数据,然后提供给用户一个在空间内移动的机制。展示空间内的运动可以抽象成空间内的路径。用户的感知和注意能力由构建一个概念的或者虚拟的空间来支撑。运用空间结构来强化感知、执行和认知能力,用户与界面之间的交互更像是和一个现实生态系统的交互(例如一个真实环境)。在追求极简主义的扁平化设计趋势中,可视化界面中的空间结构不要求与真实世界的空间结构在视觉上实现一致,但是内在操作的隐喻一致性要能够让用户感知到清晰的结构脉络。

心理地图应当具有容错功能,因此交互式可视化界面应当允许动作回退。在第三章对不同用户类型的描述中,我们知道技术和领域新手对于操作和知识的不自信导致需要更多的回退动作,从而反复验证操作的正确性。即使是专家级用户也会因为信息查找的需要返回到上级页面来查询比对。那么交互式可视化应当设置简单方便的回退操作控件,包括返回按键、信息面包屑、上一视图的缩略图链接等。允许回退的交互式可视化界面有助于用户在操作过程中形成对应界面虚拟空间的心理地图模型。

构建心理认知地图是一个需要贯穿可视化设计始终的原则,它需要从图元信息架构到编码设计再到交互动作设计都要符合人的空间认知特征。图元关系的合理选择可以帮助观察者正确感知信息之间的关联,科学合理的维度编码方法可以帮助观察者理解维度和节点的表征意义,而直觉化的交互动作设计可以让观察者理解各页面之间的层级关系,以上这些设计方法的综合使用才能够构建出正确的心理认知地图。

5.2.5 需要即呈现原则

依据第三章中所提出的大数据可视化复杂认知模型,用户的认知任务或是认知需求是整个复杂认知模型的根本驱动力。由于大数据可视化是分层分页面展示的,人的交互动作控制着认知流程的走向。需要即呈现原则是大数据可视化交互设计中较为高阶的设计原则。智能的可视化界面能够识别人的交互动作从而判断出人的认知需求,按照人的认知需求在页面中呈现必要的信息,而过滤或者屏蔽掉无关的信息,包括与当前任务无关的信息维度和信息节点。需要即呈现原则能够在根本上解决大数据可视化的页面局限性问题,同时单页面上有限的信息量更符合人的认知特点,将认知负荷控制在合理的范围之内。

交互式可视化是由大量的互锁反馈组成的进程。在交互的前提下,屏幕上的每个视觉实体都不是一个简单的点或者图形,这些视觉实体是活跃的,用户可以按需进行交互操作以展示更多的或者更进一步的内容。或者通过交互操作使这些视觉实体按需消失。交互式的探索赋予可视化界面智力劳动协同作业的能力,可以使其按照用户的指令来辅助认知主体的思考进程。可视化已经变为复杂认知系统中的延伸部分,通过增强的显示来拓展我们的思维。需要即呈现原则体现了以用户为中心的设计理念,而非仅仅由技术或算法驱动的大数据可视化。

5.3 交互维度

大数据可视化的交互原则是进行交互设计所要考虑的宗旨。那么在进行大数据可视化设计的时候,还需要具体的可调节元素来实现不同视图间的转换。由于可视化着眼于信息维度和表征维度的映射关系,因此将这些可调节元素定义为大数据可视化的交互维度。交互维度通过认知主体的行为参与实现数据维度和表征维度之间非一对一的映射关系。通过对上百个现有交互式大数据可视化实例的分析(部分网址见附录表B-3),结合数据维度的感知要素,将大数据可视化的交互维度分为观察视点、编码显示强度、视觉复杂度、保真度、图元关系序、信息排布序、生长度七个可调节维度。

根据第四章中的论述,大数据可视化的视觉呈现的编码设计是要实现数据的信息维度和表征维度之间的映射。大数据具有高维多元属性,其信息维度包含实体维度、实体间关系维度和关系间关系维度等多种。除此之外,信息的元数据也是可视化需要表征的内容,可以为用户理解信息提供指导,元数据维度中又包括固有性元数据、管理性元数据和描述性元数据三种。这些维度数量是超出页面的承载范畴的,需要交互动作参与来按需呈现信息。在静态的可视化呈现中,所有的属性值都是不可调的,认知主体必须付出极大的认知努力来获得信息感知。在可交互的可视化中,有些努力是不必要的,认知主体可以通过调节可视化的一些显示参数来使得渲染画面达到最适合当前认知任务的状态,更加有利于信息的整合感知或具体的子认知任务需求。图 5-8 展示了交互式大数据可视化中数据维度、交互维度和表征维度之间的关系。在大数据可视化

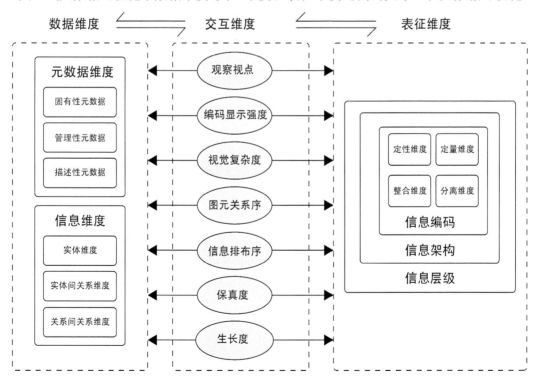

图 5-8　交互式大数据可视化中数据维度、交互维度、表征维度关系示意图

页面中,数据维度和表征维度之间具有映射关系,但这种映射关系不是一一对应的,要通过交互维度这个中介在二者之间实现非线性的映射关系。

可视化中的参数调节过程是通过一系列即时的操作调整和连续的显示反馈来完成的。这些交互性调节要素可以分为图 5-8 所展示的七种类型,虽然各类型之间会有重叠,但可以基本覆盖交互式大数据可视化渲染图像所涉及的调节对象。这些交互设计要素可以被看作大数据可视化的交互维度。这些维度不同于可视的表征维度,也不是数据所固有的信息维度,交互维度是动态交互式可视化所固有的、在人和信息通过可视化界面进行沟通的过程中所产生的可调节的动态维度。

5.3.1　观察视点维度

观察视点是由人们观察虚拟的展示空间中显示内容的视角和距离所决定的。而视角则是由观察视点和待观察对象之间的相对关系而产生的。观察视点和视觉对象之间的位置关系有多种形式,如表 5-1 所示。首先是对静态对象采用运动的视角进行观察,通常包含四种形式。手控世界移动的交互操控方式是移动虚拟世界三个维度上六个方向的坐标,类似编辑 AutoCAD 软件中的虚拟物体时的场景。手控眼球是视野的转向与移动,类似玩射击游戏时的瞄准场景。人们在真实世界的视角旋转动作中,往往习惯用移动躯干来完成大角度的视角变换,而采用头部动作来完成小角度的视角调节。躯干转动只有一个围绕着躯干选择的自由度,而头部运动则包括头部旋转和头部上下运动两个自由度。那么,在虚拟现实模拟真实的视角观察中,也应该对应着来设置手控眼球的交互动作,在接近待观察对象后提供更精确的视角调节操控。观察者平面位置移动是 2D 进入场,其交互的感受类似于在虚拟空间内行走。而观察者立体位置移动是 3D 进入场,比 2D 进入场增加了一个高度上的视角改变操控,其带来的交互感受是在虚拟空间内飞行。在与静态场景的交互过程中,往往会结合多种交互视角来模拟更真实的空间体验。例如,在高度不明显的区域采用 2D 进入场来减少眩晕感,而在高度变化幅度较大区域改为 3D 进入场。在大数据可视化发展的现阶段,视角和对象同时运动的场景并不常见。这种几种视点和对象同时变化的视角在影片和电子游戏中比较常见,但不排除随着计算机硬件和软件技术的提高,未来的虚拟空间的可视化可以采用这几种视角。他人视角是假设虚拟场景中有一位观察者,借助这个虚拟观察者的自我中心体系来观察视觉对象。过肩视角中视点遵循着前方的运动对象移动,其视点位置接近人的视平线高度,由于视点和运动对象之间相对静止,可以看到清晰的视觉对象和移动的背景物。上帝视角是在后上方俯瞰追随,Wingman's 视角是在待观察对象侧方追随对象移动。而地图视角则是与待观察对象平面垂直,自顶向下跟随。

表 5-1　观察视点和视觉对象之间位置关系导致的多种交互视角

移动视点								
静态对象				运动对象				
手控世界移动	手控眼球移动	观察者平面位置移动	观察者立体位置移动	他人视角	过肩视角	上帝视角	Wingman's视角	地图视角

　　决定采用交互视角的方式来源于设计者希望用户得到交互感受隐喻。例如第一个交互感受隐喻是希望用户对待整个虚拟场景的感受就像在手中把玩的一个物体,用户可以移动、旋转它。第二个交互感受隐喻是希望用户对待整个虚拟场景的感受就像在操控一架飞机,它可以上升、下降、旋转等。这两种交互感受隐喻的操控是完全不同的。在第一种情况下,如果用户想看到虚拟物体右侧的部分,用户需要向左旋转整个场景来获得一个合适的观察视角。而在第二种情况下,用户需要向前移动、而后向右转向指向视觉对象的待观察面。通常会以待观察视觉对象的体量感来选择交互感受隐喻,也可以提供可选择的交互视角移动方式。需要注意的是,在进行视角转换的时候应当采用平滑过渡,而非直接跳转才能形成心理地图上的连贯性。Keillor 等[158] 以及 Hollands 等人[159]通过实验证明,相对于生硬的转换,在 2D 和 3D 进入场之间的视角平滑过渡可以获取更高的空间决策绩效。

　　根据展示空间的表征形式,观察视点的变化包括三维表征上视点的立体变换和二维表征上视点的平面变换。前面所描述的不同视角下的视点变化是从三维表征上来论述的,那么对于大数据可视化中常见的二维表征,移动视点的交互操作则等同于对观察对象的缩放、旋转和平移。在二维表征空间中,表征空间维度和屏幕重合,对观察对象的缩放类似于改变观察视距,而旋转和平移也是视点和对象之间位置关系的变换。

5.3.2　编码显示强度维度

　　在第四章中探讨过视觉编码技术,包括平面位置、颜色、尺寸、斜度和角度、形状、纹理等定性和定量的编码技术,分别对应着定性和定量的信息维度。而默认的输出可视化图形是一种既定的呈现状态,包括编码维度中所采用的表现样式、维度内部的对比度、维度的凸显性程度等。高维度是大数据的一个重要特征,通常在大数据可视化中都是多个维度平行展示。由于表征维度之间必然具有一定的干涉性,即使是最为分离的两种表征维度也会对彼此的独立感知产生一定的影响。表征维度的视觉凸显性受其维度内部以及和背景之间的差异度决定,因此,维度的编码显示强度会极大地影响该维度的视觉感知绩效。控制可视化中某个维度的显示强度即差异值,可以改变维度表征的主次关系。

从图 5-9 中可以看到调节编码显示强度对数据信息视觉感知的影响。该抽象表征图改自 2003 年 Marcos Weskamp 所绘制的邮件列表社交互动图。在该图中编码了三个信息维度,可以假设节点所表示的是和中心圆点(指代某个发件人)直接或者间接关联的邮件账户,圆点大小表示该账户的活跃度、圆点色彩表示账户类型、圆点之间的连线代表两个账户之间的关联强度。在图 5-9(a)中三个维度都采用了强显示强度编码,各个维度表征之间会产生较大的干涉性,势必会增加用户读图时的认知负荷。图(b)中降低了色彩(账户类型)和连线(关联强度)的显示强度,只有圆点大小(账户活跃度)采用强编码,这时可以很好地感知这一信息维度,而其他维度则作为辅助感知。图(c)和(d)则分别只对色彩(账户类型)和连线(关联强度)采用强编码,则既定维度的视觉感知被其他维度所影响的程度会大大降低,用户的即时认知负荷也会伴随着出现大幅下滑,可以预测对单个维度的认知绩效会得到大幅提升。

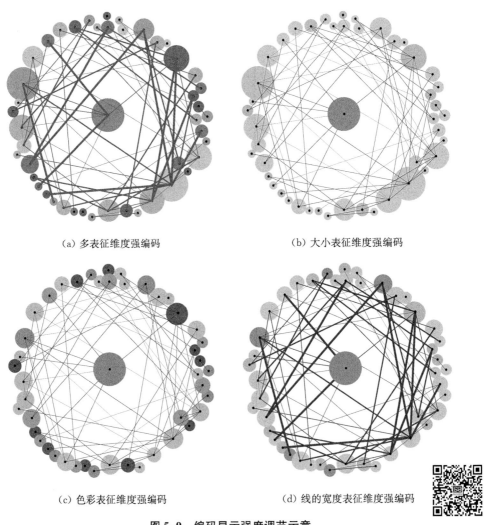

(a) 多表征维度强编码　　　　　　　　(b) 大小表征维度强编码

(c) 色彩表征维度强编码　　　　　　　　(d) 线的宽度表征维度强编码

图 5-9　编码显示强度调节示意

除此之外,用户个性化的需求也会要求交互式可视化提供维度显示强度的调节。对于某个既定的表征维度,用户的个性化需求源自生理特性、使用偏好和子任务目的。例如在色彩维度的表征中,有些用户无法识别一些色相的色彩,需要将表征色彩调整到其可以识别的阈值范围内再进行视觉感知;有的用户习惯用红色来标明某个重要维度,由于经验性累积造成的该色彩的凸显性可以加速其识别速度和识别效率;还有的用户由于在某次查询中需要对比采用色彩编码的单个维度之间的差异性,而需要将尺寸等维度差异弱化显示。这三种动机造就了对编码显示强度的调整需求,在交互式可视化中常常会提供可以编辑、进行选择更改编码显示强度的辅助控件。

需要注意的是,首先这种编码显示的强度调节属于个人偏好的范畴,不是可视化显示的主要内容,因此该调节控件不需要占据屏幕中重要显示区域,通常以可扩展的选项出现。其次,显示维度的可调节性虽然会增加用户的自由度,但也会增加操作的复杂度,因此只需要提供几个主要显示维度的调节模式。

5.3.3　视觉复杂度维度

可视化的复杂度是一个多层次的抽象概念,它包括呈现复杂度、语义复杂度以及记忆复杂度等[160]。呈现复杂度包括形状、纹理、位置、色相、饱和度、和背景色的对比度、图像分辨率等;语义复杂度是指视觉对象在上下文中的含义,包括对象、主题、场景、结构、层次、规律等;记忆复杂度和认知主体的知识结构关系紧密,涉及从长时记忆中知识的提取,包含熟悉、关联度和相似度等。维度数量的增加、编码方式的增加都会增加可视化图像的复杂性。在大数据可视化界面中可调节的复杂度主要是指呈现复杂度,这种复杂度可以是连续性单调变化的调节方式,也可以是呈阶梯形分级变化的调节方式。呈现复杂度可以细分为两个组成部分,一是屏幕中平行展示维度的数量,另一个组成部分是单一维度中的节点或者链接的展示密度。

（1）展示维度的调节

平行展示维度的数量的降低可以大大降低可视化图形整体的呈现复杂度。如图5-9所示,从(a)到(b)到(c)依次是递减呈现的三级复杂度。图 5-10(a)中呈现的信息维度最多,包括不同类型的信息节点(节点形状表征)、信息节点的名称(叠加文字表征)、信息节点的某个量化维度值(节点大小表征)、簇信息(封闭图形表征)、节点关系(线型表征)、特殊链接关系(簇内部蓝色线型表征)、特殊链接关系值(簇内部蓝色线型标值)、节点分布(节点平面位置表征)等多个定性和定量的信息维度。而到了5-10(b)图中,相应地减少了一些信息维度的呈现,在图(c)中簇内的节点被省略,只能看到簇和独立节点之间的关系。当复杂度高的时候,可以看到更多的维度表征和细节信息,与此同时则伴随着高的认知负荷,而实验表明过于复杂的可视化呈现会影响认知主体做决策所需要的关键信息的定位和提取[161]；而当复杂度低的时候，信息的全局性凸显，认知负荷也会降低，但无法看到细节信息。当呈现复杂度可以支持交互式探索而实现连续或者阶梯形变化时，用户更容易依据认知需求在不同的复杂度画面中得到对信息层级的心理空间架构。

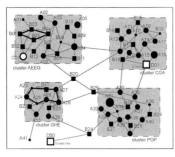 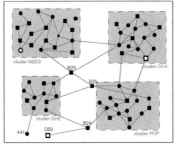 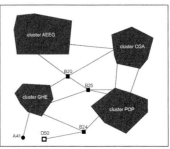

（a）高复杂度　　　　　　　　（b）中复杂度　　　　　　　　（c）低复杂度

图 5-10　复杂度递减示意图

　　另外，控制单个维度（包括实体和关系的维度）的可见性也可以增加或者降低整个可视化界面的复杂度。如图 5-11 所示，在保持其他维度表征和基本布局不变的情况下，打开/关闭节点间关系的表征维度（彩色弧线）会相应地改变整个可视化图形的整体复杂度，对即时认知负荷会产生较大作用。

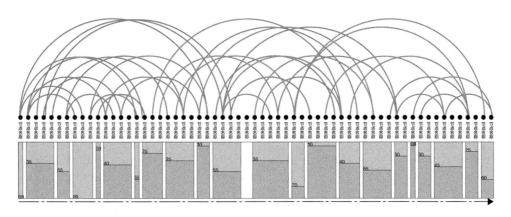

（a）某维度可见

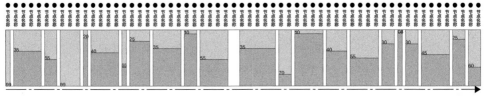

（b）某维度不可见

图 5-11　控制单一维度的可见性对可视化视觉复杂度的影响

（2）维度中显示元数目的调节图

除了展示维度的数量变化外,在多元可视化中,主要展示维度中数据元的显示数目也会极大地影响呈现复杂度。图5-12中为同一个可视化图形的不同复杂度层级展示形式。在5-12(a)中展示了较多的节点间关系(彩色线条表征),而图5-12(b)中只呈现了几个主要的节点间关系。两幅图形的展示维度不变,但通过展示维度中节点或者链接数目的增加或者减少来改变呈现复杂度。可以以节点或者链接的某个主要量化维度作为显示过滤条件来进行导航组件的操控,从而满足认知主体不同的交互式探索需求。

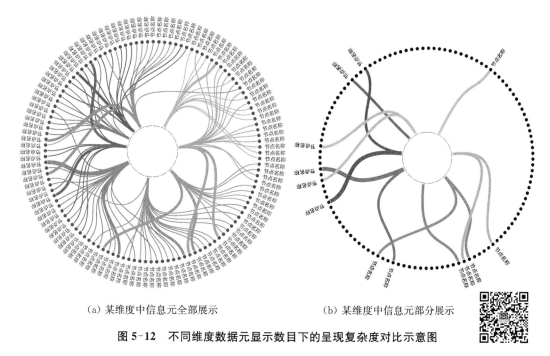

(a) 某维度中信息元全部展示   (b) 某维度中信息元部分展示

图5-12   不同维度数据元显示数目下的呈现复杂度对比示意图

视觉复杂度是大数据可视化视觉呈现中的重要因素。因此,视觉复杂度的交互维度适用范围覆盖所有的大数据可视化类型,以上两种方式都是视觉复杂度的实现形式。

5.3.4   图元关系序维度

人类思维的优势之一是能够用转换方式去解决问题。当用一种方法难以解决一个具体问题时,人类不会像计算机一样需要遍历计算才得到对某种方法的评判,人们会自觉转换一种方法去解决问题。那些能够在数理考试中取得优异成绩的学生,是那些更多地转换不同的方法去解决问题的学生。对于大数据可视化来说,人们读图的目的就是要理解图形,并完成预设的认知任务。可视化图形是人们理解大数据的有效途径,可视化图形的表征可以说就是人们认知任务的一个方法。当某种可视化图元关系排布无法或者很难得到人们想要的数据信息时,变换方式是人类直觉的做法。

Parsons 等[162]将常见的信息视觉表征分为六种大的类型,分别为视觉标记、多维图形符号、图表、地图、树状或者网状图、流程图。其中和大数据可视化最相关的是树状或者网状图。常见可视化图形呈现形式包括树图、径向会聚图、热图、平行坐标图等。这些大数据可视化的呈现形式都必然遵循着一定的排布规则,决定单个页面上可视化排布规则的是首层信息维度的基本图元关系。首层的图元关系决定了可视化图形的基本页面布局。在第四章中,通过不同的坐标系对多种图元关系进行了分类阐述。那么每一种图元关系表征都具备一定的视觉感知优势,势必也伴随着一定的视觉感知劣势。那么当采用一种图元关系表征无法得到理想的感知结果时,变换信息组织方式是一种直觉的心理反应。

如图 5-13 所示是常见的多维度可视化的视觉表征图,图 5-13(a)中所示的节点-链接图的图元关系下的视觉表征可以清楚地感知到各个节点的类型、节点之间的平面位置关系以及链接关系的类型。但是,如果想知道各种节点和链接类型的数量占比,那么通过(a)图很难得到精确的感知。这时,人们的习惯做法是转换视觉表征方式,即改变图元关系序,当转换为(b)图的比例直方图的图元关系时,各类型节点的数目被看作一个复合节点和总数之间进行比较,各类型的数目分布情况就显而易见了。由此可见,改变图元关系序是复杂认知任务中常见和有效的交互维度,现有的大数据可视化实例几乎都提供该交互维度的选项。

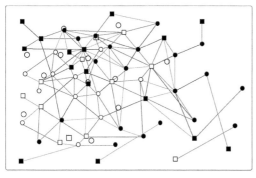

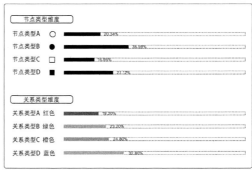

(a) 网状结构图元关系展示　　　　　　　　(b) 直方图结构图元关系展示

图 5-13　不同图元关系序表征下的变换视觉表征

5.3.5　信息排布序维度

复杂度的调节是支持显示页面上呈现内容的增减,还有一种交互方式是在保持呈现信息内容数量和表征方式不变的情况下,改变信息呈现的状态,该可调节要素为信息的排布结构。大数据具备高维多元的特征,在可视化呈现上的映射则表现为带有多种属性的密集节点,那么这些节点在二维空间中的排布规则一定是以某个维度上的属性值为第一影响因素。认知主体对于可视化的认知需求是不确定和多样的,因此交互式可视化应当具备以不同维度为首要依据的排布结构来满足不同的认知需求。如图5-14(a)、(b)、(c)所示是简化表征的同一组数据的不同信息排布结构的可视化呈现。图5-14(a)所示的是按照某种随机顺序(例如时序)从上至下来排布的多元节点,从此图可以看出信息节点的某个定性维度(色彩表征)和某个定量维度(长度表征)随着某种顺序(例如时序)发展变化的整体状态。图5-14(b)则是按照某种类型维度属性从上至下来排布的多元节点,可以看到相同色彩(通常表征某个定性维度)的节点被排列在了一起,这种排布结构下的信息呈现可以快速感知到不同定性维度之间的整体分布情况。图5-14(c)是按照某种定量维度(节点长度)来从上至下排布的多元节点,这种呈现方式有利于快速寻找到类型维度整体量值变化趋势下的异常值分布。认知主体在多种信息排布方式下的快速切换,可以帮助认知主体找到和认知任务最贴合的呈现方式来推进认知进程。该交互维度适用于几乎所有的大数据可视化,既可以调节非结构化和结构化数据的元数据信息维度,也可以调节结构化信息本体的维度。

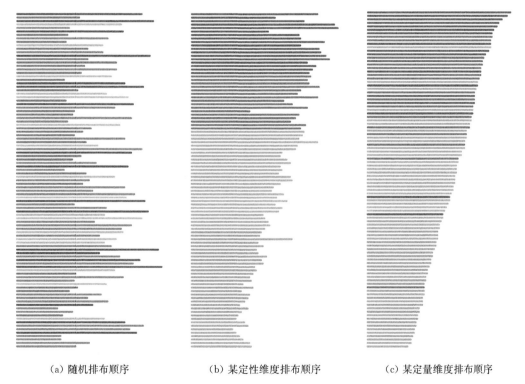

(a) 随机排布顺序　　　　(b) 某定性维度排布顺序　　　　(c) 某定量维度排布顺序

图 5-14　三种不同信息排布结构的可视化呈现示意图

5.3.6　保真度维度

保真度在可视化中所指的是信息被精确编码的程度,这里所说的精确是指和客观物理世界的视觉效果的接近程度。保真度和信息编码所在的上下文相关联,它包括结构上、时序上、几何上、功能上和过程上同客观实际的接近度。交互式可视化可以允许认知主体在保真度高到保真度低之间的阈值范围内调节。保真度在很多情况下和计算机硬件性能相关,需要用户在效率和质量之间进行选择。在大多数的情况下,高保真度则对应着更高的还原度,有利于认知主体和长时记忆中的知识相结合来感知可视化中的信息,但高保真度往往会牺牲更多的内存和时间来生成图像。但并非越接近客观真实的保真度越有利于认知主体对可视化想要传达的知识的感知和理解。

如图 5-15 所示的两种保真度下的墨尔本市区火车线路交通图。(b)图为了能够清晰地显示市中心区域的火车线路,在地理上做了失真处理,中央商业区域按照一定的函数关系放大比例显示,周围郊区则缩小比例显示。而火车线路则由不规则曲线改为固定角度线段表征,也是一种失真处理手段。从保真度上来说该图和客观物理世界差异很大,属于低保真度的范畴。(a)图由于没有对区域面积比例和线路形态进行失真处理,因此较(b)来说属于高保真度的范畴。但是,由于可视化图形(b)对于认知主体想了解的知识和结构的清晰表现,对于节点的定位查找(特定站点的寻找)和线路规划(两站点间换乘方案查询)等具体认知任务来说,低保真度的(b)图比保真度高的(a)图更符合人的认知需求。图 5-15 中的例子和图论所起源的"哥尼斯堡七桥"问题类似,源自客观世界的图形结构问题并不依赖于客观世界真实地理信息。虽然在地理和几何上图 5-15(a)的保真度更高,但是(b)图在结构的表达上则更加清晰。保真度交互维度适用于涉及地理及空间信息的时空信息类数据的可视化。

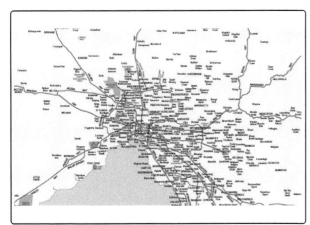 

(a) 地理信息高保真　　　　　　　　　(b) 地理信息失真处理

图 5-15　两种保真度下的墨尔本火车交通示意图

(图片源自 http://ptv.vic.gov.au)

5.3.7　生长度维度

大数据的可视化中很多的数据节点都是沿着时间或者空间的维度从某个原点开始连续生长的,该结构具有一定的普遍性。这时,可视化所展示的就是一个被逐步编码的动态信息空间。信息生长度就是指体现时空信息项在视觉呈现中生长和发展的程度。相对于静态的可视化呈现,动态交互式的呈现方式更有益于展示这种信息空间的时空生长性。对于生长度的调节可以让用户感知到信息在时空维度上的变化过程。随着展示时间的推移,可视化中的生长度越来越高,所能体现出的数据之间的趋势和规律性也就愈发明显。认知主体可以通过相继视图中的信息集成来获取对信息趋势的把握。生长度的展示要求主要信息维度为具有时空属性的数据维度,例如社交媒体中的用户信息发布概览可视化、世界航班信息可视化、证券信息走势图、历史人口迁徙可视化等。这些数据的待表征维度都含有时空属性的元数据,生长度是一个帮助用户理解时空演变规律的交互维度。

图 5-16 展示的是一个典型的时空数据信息生长度演变示意图,从(a)图到(b)图展示的是一个随着时序推移的动态演变过程。它既可以采用连续时间轴播放,也可以根据用户控制进行分时间步的相继展示。通过动态的展示,该时空维度的时间演变情况就被清晰地展示出来了。该交互维度既适用于以时空维度为主的时空数据,也适用于一些具有时空元数据属性的非时空数据,例如思维导图的思维发展过程展示。

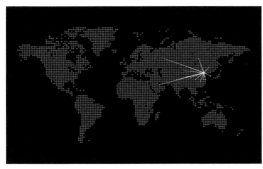

　　(a) 生长度时序状态 1　　　　　　　　　　　　　(b) 生长度时序状态 2

图 5-16　时空数据信息生长度演变示意图

以上的七种大数据可视化交互维度是基于对上百个大数据实例分析的基础上所提出的(部分可视化实例地址见附录表 B-3),在当前的大数据可视化设计中具有一定的普遍性和通用性,可以涵盖绝大部分的可视化设计实例。大数据可视化设计中往往依照其信息表征的目的,提供了一种或多种的交互维度供用户调节。通过交互维度的调节,可以更有效地发挥交互式表征的优势,将最有用信息按照最优呈现方式推送给用户,来得到更优的认知绩效。

本章小结

由于大数据的高维多元特征,大数据的可视化无法在静态单页面中全部展示,而必须采用动态交互式的展示策略。因此,交互设计是大数据可视化中的重要内容。本章基于人的认知特点,总结了大数据可视化所要遵循的交互设计准则;在表征维度和信息维度之间提出了大数据可视化所特有的可调节的交互设计维度,包括:

（1）提出大数据可视化所要依照的交互设计准则。保持标准化和一致性、降低用户工作记忆负荷、提供即时有效的操作反馈、最终实现帮助用户构建心理地图模型。

（2）在对大量大数据可视化实例分析的基础上,提出大数据可视化所特有的七个交互维度,包括观察视点维度、编码显示强度维度、视觉复杂度维度、图元关系序维度、信息排布序维度、保真度维度和生长度维度。

第六章

大数据可视化的动态交互表征实验研究

从前面的章节可以看出,大数据可视化的要点在于动态交互性。那么在交互的动态过程中,必然会涉及视觉场景的切换和视觉元素的变换。本章结合大数据可视化复杂认知系统的特点,从理论分析出发进行实验的设计与结果分析,探讨大数据可视化的动态交互表征策略。

6.1 大数据可视化的动态表征

6.1.1 加入时间表征维度的动态可视化

现实世界中的很多大规模数据的采集都和时间高度相关。可以说时间维度是真实动态世界的基本描述单位。例如按照时间顺序排布的实时监控画面、不同地理位置的实时交通状况图、社交媒体的信息浏览页面等。随着数据流处理技术的产生以及计算机性能的增长,可以采用动态的方式来表征时序信息流。基于大数据的实时处理技术[163],目前可以做到近乎实时地动态展示高维数据。Opach 等人的研究认为动态可视化可以快速吸引用户注意[164]。动态表征相对于静态表征是在二维的空间维度之上增加了一个时间表征维度,三个表现维度共同来展示实时的高维度时序数据。对于连续时空下的同质信息表征问题,可以将时序信息作为高维信息的元数据抽离出来[165],作为可视化的基础布局维度。那么结合数据的其他维度,就可以整体呈现出高维数据的特征。一定时间内平行展示的时序信息,可以帮助人们发现信息随时序排布的规律性或者查找既定时间节点信息。

在大数据环境下,屏幕可视化表征的主要矛盾是不断产生的近乎无限量的高维多元信息和极度有限的表征页面空间之间的矛盾,即凸显的页面局限性。加入了时间维度的动态展示方式虽然可以通过帧的叠加部分地减缓页面局限性问题,但同时也产生了新的认知负荷问题。有研究表明[144,166-167],动态可视化会产生高冗余的认知负荷,因为用户在读取过程中既要获取当前暂时的信息,还需要回忆和整合过去的展示信息,从而导致可以用来学习的工作记忆资源减少。而我们在实际的工作和学习中都或多或少的有过大规模数据动态可视化认知困难的体验。由于大数据可视化的页面局限性问题,可视化的设计必须要非常慎重地来设计这三个维度的排布机制。为了能够有效地表征这些数据,让用户能够更好地理解信息的时序性,需要从微观上来研究时间序列和空间序列的表征一致性问题。

6.1.2　工作记忆中时序信息和空间信息的记忆存储

在人们观察和理解时序信息可视化图形的时候,工作记忆在其中承担了重要的角色。根据 Beddeley 关于工作记忆的经典论述,工作记忆是一个容量有限的系统,用来暂时保持和存储信息,是知觉、长时记忆和动作之间的接口,可以说是思维过程的一个基础支撑结构。关于工作记忆中时序信息和空间信息的关系学术界从多个方面进行过一些研究,得到了一些不同的结果。一些学者通过新近性范式实验证明在工作记忆中时序信息和空间位置信息二者是分离存储的[168-169]。另外,Ploner 等学者[170]通过建立一个虚拟城市,让用户在城市中漫步再分别设定空间任务和时间任务,通过观测大脑海马区的活动也同样认为空间信息和时序信息是分离存储的。研究发现,进入老年期的人们对时间信息的记忆随着年龄增长产生明显下降,而对空间信息的记忆则维持一定水平[171]。损伤记忆测量的研究表明,额叶受损会导致时间记忆受损而不损伤空间记忆[172],而颞叶受损则会损害空间记忆而时间记忆则不受影响[173],这些研究结果进一步从生理上佐证了二者的分离存储机制。

除此之外,另外一些学者则认为虽然二者在工作记忆中是分离存储的,但却存在着一定程度上相互作用的机制。时序信息的记忆以及在头脑中的保持会受到其他认知资源尤其是空间信息的干扰和影响[174]。生理心理学的研究也证明了这两类信息会在海马区产生聚合存储[175]。在对内颞叶受损病人进行测试时,发现其对时序和空间的检索能力同样下降[176]。最近的一项研究表明,时序信息和空间信息之间是一种非对称的相互作用关系[177]。这二者可能的关联性也给我们利用空间序列来加强时序信息记忆的研究提供了可能性。

那么,如何利用二者之间可能的关联作用,才能使用户更加准确而快速地感知到界面中信息的流动呢?对于设计师来说,这就需要构建数据类型相容性,即建立心理模型、显示表征、信息特征之间的一致性。为此,设计了两个实验来验证这二者的可能关联机制。其中,空间位置对时序记忆的影响实验为了探讨按照空间位置的排列逻辑是否能影响时序信息的记忆。而线性节点动态变化方式实验研究是为了探讨最合理的线性动态表征策略。

6.2 动态交互过程中的连贯性

6.2.1 动态可视化中视觉锚点的概念及作用

大数据可视化的高维多元属性决定了其动态交互式表征形式。我们无法在单一静止场景内完成对所有高维多元信息的平行展示,需要进行跨场景表征来显示多种不同认知任务下所必要的视觉信息。动态可视化对于大数据来说几乎是必须的,因为只有多页面的展示才能从根本上解决大数据可视化所面临的页面局限性问题。动态可视化可以理解为随着时间步,展示内容发生变化的可视化形式。所以说动态可视化相对于静态单页面的可视化具有一定的瞬时性。随着自动的动态表征或者是交互动作的参与,前一显示页面随着时间消失在视野之中。那么,动态可视化中的一般性问题是如何让用户在跨页面的信息展示中形成一个稳固的信息感知的呢?可视化图像需要在连续的注视之中被认知主体储存在工作记忆中并产生心理上的集成。而大数据可视化往往和状态监控、错误探测和决策等高复杂性认知任务联系起来,那么这些任务对于信息集成又有着极高的要求。

当用户在多个显示页面之间转换时,如果信息集成失败则会造成认知上毁灭性的灾难,常见的是"迷失(getting lost)"[178]和"锁眼(keyhole)"问题[152]。所谓迷失,指的是用户难以确定当前可视化图像在整个数据集中的位置,它又是哪一段数据和哪些维度产生的映射。迷失是指用户对整个系统的概念关系没有一个清晰的认识,无法理解当前页面在可视的数据系统中的位置。当用户产生迷失感的时候,往往对于下一步的操作无所适从。必须要先进行当前位置的定位才能决定下一步的认知行为或是交互动作。除了知道当前展示信息所在的位置外,动态展示需要用户在时间上先后展示的页面之间进行知识的串联。而过去时间呈现的页面信息是已经消失了的,这是和静态的平行展示最大的不同。而锁眼现象则是指用户无法在相继页面之间形成动态知识表征,只能局限于当前页面信息的感知,当前页面只是前后相继页面中的一小部分,所以可以形象地比喻为"锁眼"。

从上面的分析我们可以看出,动态交互式可视化所面临的最大的挑战就是跨页面信息集成的问题。当视觉表征随时间、空间、尺度等可量化维度动态变化的时候,需要有连续的"变焦显示",通过用户的交互操作实现不同分辨率(例如谷歌地图)的表征或者不同信息层级的表征,以减少认知上的迷乱。而需要页面转换的时候,需要通过视觉上的连贯来沟通前后页面之间的联系,在这里提出一个"视觉锚点"的概念。在动态表征过程中,由于记忆痕迹随着时间消失,记忆项目的保持对回忆绩效有着巨大影响,因此我们要在更快的时间内让用户找到所寻找的视觉目标。在多页面的切换过程中,视觉锚点是连贯工作记忆的桥梁。视觉锚点在可视化中的作用类似于现实世界中的地标性建筑,是我们识别一个未知空间的必要构建要素。视觉锚点作为可视化图示中的恒定特征,其特征和位置在连续的显示中应得到突出强调。

从人类早期搜寻猎物和躲避天敌的视觉搜索开始,人类长久以来进化所产生的视觉特征导致了人的视觉倾向性,就是善于在静止的背景中捕获动态目标对象,以及在动态嘈杂环境中关注静态视觉目标。在设计了视觉锚点之后,由于视觉锚点为动态过程中的静止对象,首先人的视觉凝视点会落在视觉锚点处,然后在进行新页面的认知理解,设计者就可以将新页面中的新视觉元素和该视觉锚点之间依照其数据维度关系进行视觉关联性设计。图 6-1 展示的就是视觉锚点在动态交互式表征过程中的作用情况,图(a)为应用了视觉锚点的页面切换过程意,图(b)则是没有应用视觉锚点设计的页面切换过程意。状态 1 为原始过程,在状态 2 加入交互动作后,屏幕中开始出现页面的切换,在状态 2 到状态 3 以及状态 3 到状态 4 之间都省略了多帧动画。图 6-1(a)中新页面各节点(x、y、z)和锚点(X)之间的从属数据关系就很容易得到认知,视觉扫视线路也流畅。而图 6-1(b)中尽管新页面各节点(x、y、z)和原始节点(X)之间从属

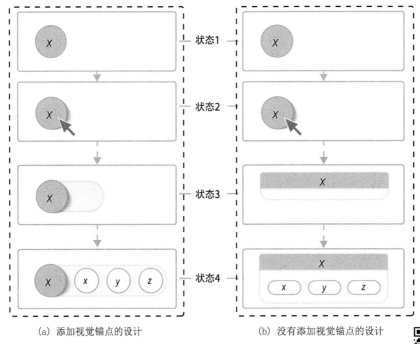

状态1

状态2

状态3

状态4

(a) 添加视觉锚点的设计　　　　(b) 没有添加视觉锚点的设计

图 6-1　动态交互式表征过程中的视觉锚点

关系的视觉表征同样强烈,但由于前后页面之间缺少视觉关联性,因此进入新页面后人们需要重新去认识新的页面,视觉搜索的时间会增加。因此在图6-1(a)中绿色的圆形控件就充当了视觉锚点的作用,它在页面跳转过程中保持不变,对前后页面的信息集成起到衔接作用。

　　对图6-1所提出的两种情况的动态交互组件进行用户使用测试,并用眼动仪记录其视觉轨迹,叠加三个被试视觉轨迹的图像如图6-2所示。为了能够看清眼动凝视点的相对位置,将完成动态变化后的组件叠加并做了一定的透明度处理。在使用了视觉锚点设计的(a)图中,三名被试(蓝色、绿色和红色的凝视点)的眼动轨迹都是按照设计的线路在运行,即水平方向的从左到右运动。而(b)图中的动态交互过程没有运用视觉锚点的设计,则被试的眼动轨迹之间的差异很大,出现很多来回跳视查找的现象。该实例是视觉锚点最简单地运用,在动态交互式可视化中,图形的复杂度远大于该单组件,那么运用视觉锚点后造成的差异会更大。在动态交互过程中加入视觉锚点,可以让用户在使用过程中的首次注视点和路线会更加符合设计的初衷。可以说视觉锚点是动态可视化过程中一个有效的视觉引导工具。

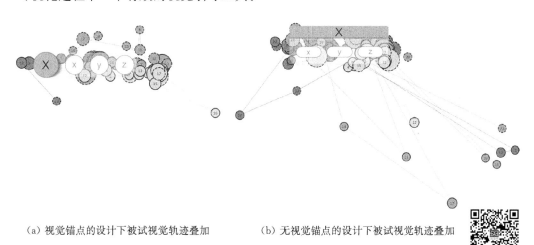

(a) 视觉锚点的设计下被试视觉轨迹叠加　　　　(b) 无视觉锚点的设计下被试视觉轨迹叠加

图6-2　视觉锚点设计的眼动轨迹差异

　　动态交互式可视化的页面的动态变化可以分为主动和被动两种。主动式是用户采用了交互式动作控制而导致的页面动态变化,例如点击一个控件、拖动一个节点、放大观察可视化细节、平移可视化组件。在有交互动作参与的时候,由于人们的操作需求,其视点一定是追随着被操作控件的,那么该控件自动会成为视觉锚点。因此在页面发生变化的时候,被操控的控件应当尽可能保持其本身的视觉特征不变。该视觉特征包含平面位置、色彩(色相、纯度、明度、透明度)、围闭形状、大小、纹理等多重视觉变量,当某个视觉变量必须要发生变化的时候,应当使其他变量保持不变。例如,当控件平面位置必须发生变化时,其色彩、围闭形状、大小、纹理等保持不变,这样有利于让用户知道这二者是前后同一的视觉实体,可以以此为基准来感知新页面上的图元关系。

被动式的页面变化是指在没有交互动作参与的情况下,页面中的各个视觉元素按照某个维度上的规律自动发生着变化。例如,音乐可视化中视觉元素随着音符音阶序列产生跳跃、时序信息随着时间维度自动播放节点变化。基于人类视觉特征,在此过程中视觉注意则会被动态的页面组件所吸引,同时抑制非相关区域进入视觉处理第三阶段,即无法进入视觉工作记忆中进行加工。在此过程中,其动态组件中用户感兴趣的部分会吸引视觉注意。随后如果认知主体需要对兴趣区进行进一步探索,则可能会对可拓的视觉组件进行交互式操控,使其成为下一个变换过程中的主动式视觉锚点。

6.3 动态交互过程中的间歇性实验研究

6.3.1 动态可视化中停顿的必要性

前面讨论的是动态交互式可视化的连贯性,那么是否在页面转换过程中越连贯的变化越有利于用户对信息的感知呢? 交互式可视化需要解决的根本问题是平行展示与相继展示之间的矛盾。由于大数据可视化严重的界面局限性矛盾,要求可视化能够采用多页面的相继展示,但是相继展示又会对本来就容量有限的工作记忆提出更大的挑战。因此提出一个合理性假设:在重要的新信息展示之前,简短的停顿可以让人们将工作记忆中的内容清空,以停顿作为一段工作记忆的起止点。以此假设为基础,设计了下面一个实验来验证在动态交互式可视化中在特定时间点上停顿的必要性。

6.3.2 实验设计与实施

实验设计为 2×2 被试间设计,一个实验组和一个对照组,其中每组有 21 名研究生志愿者作为有效被试。和 4.3 节中的实验设备与条件相同,均采用 Tobii X2-300 Compact 非接触式眼动仪配合 Tobii Studio 软件来采集眼动和绩效数据。实验以抽象提炼的可视化图元关系图为实验素材,共设计有两种类型的实验素材,如图 6-3 所示。图(a)中各节点采用点阵的方式排布,图(b)中采用环形方式排布,这两种排布形式在可视化中都比较常见。图(a)的矩阵排布中包含 1 个目标节点和 329 个干扰节点,图

(b)中包含 2 个用直线相连的目标节点和 90 个干扰节点。由于图(b)中目标节点之间具有相关性且干扰节点较少,因此将采用该实验材料的实验单元定义为简单任务,采用图(a)的则为复杂任务。

 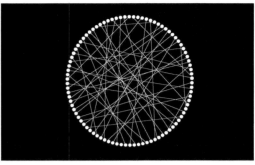

(a) 矩阵式实验素材   (b) 圆环式实验素材

图 6-3 停顿实验中的两种实验素材

表 6-1 在实验组和对照组中应用的实验材料中的干扰节点和目标节点

		干扰节点	目标节点	复杂程度
大小		25px	25px	
范例		⬤	⬡	
数量	矩阵(Vis 1)	329	1	复杂
	圆环(Vis 2)	90	2	简单

实验的搜索目标为类似圆形的实心多边形,而干扰项为实心圆形。采用无意义的目标和干扰节点可以防止在实验过程中被试采用形象思维。实验过程中记录下被试的反应时以及搜索过程中的眼动情况。实验组中所呈现的材料与对照组相同。每个组的被试在练习单元之后,分别进行复杂任务(矩阵实验素材 Vis 1)和简单任务(圆环实验素材 Vis 2)下的各三个同质测试单元的反复测试。在每个同质的测试单元中,节点的排布规则、目标节点和干扰节点数目以及实验流程保持不变,而目标节点出现的位置随机。对照组和实验组的每个实验单元的实验程序如图 6-4 所示,上行为对照组、下行为实验组。每个实验单元中首先呈现指导语,然后在屏幕中心呈现 300 ms 的"+"号以消除视觉残留,统一每个实验材料上的初始凝视点[179]。实验组和对照组的差异在于实验组每个实验单元中,在"+"号呈现以后出现 700 ms 的空白页面。对于短时记忆残留的停留时间,理论界还没有确定的给定值[180-181],因此 700 ms 的设置是依照以往实验中

的经验来设定的。要求被试在找到目标节点的第一时间按键盘任意键进行反应,从实验材料开始呈现到被试按下键盘上的任意键之间的时间被记录为反应时。

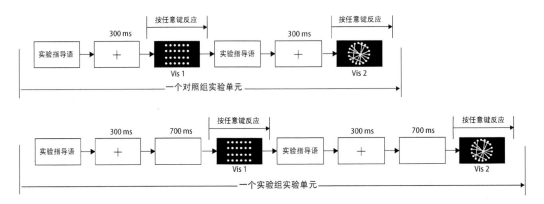

图 6-4　停顿实验中的对照组及实验组实验流程

6.3.3　实验结果与讨论

实验中具有采用空白间隔与否以及两种实验材料中双水平的自变量,因此采用双因素 ANOVA 来分析实验结果。依次将反应时间(RT),注视点数目(N)和总凝视时间(FD)作为因变量。其中,搜索时间数据 RT 反映出搜索绩效水平,注视点数据 N 和 FD 可以反映被试的实时工作负荷。练习组数据不计入实验结果。实验结果显示出实验素材和设置间隔与否两个自变量之间具有较高的交互效应。在复杂任务情况下(Vis 1),实验组(带有空白间隔)被试的平均反应时间(RT)、注视点数目(N)和总凝视时间(FD)高于对照组条件(无空白间隔)。如图 6-5 所示,在三个因变量 RT,N 和 FD 下其交互线具有强烈一致的相交趋势。这个结果表明,在不同的任务难度下,是否具备空白间隔对绩效和实时工作负荷的影响存在差异。在复杂任务中(Vis 1),具有空白间隔可以提高搜索绩效和降低实时工作负荷,而在简单任务中,是否加入空白间隔对搜索绩效和实时工作负荷的影响不显著。具体来说(见表 6-2),在复杂任务中(Vis 1),对照组和实验组(加入空白间隔)在搜索反应时 RT($t=2.163$,$df=41$,$sig.=0.036<0.05$)、注视点数目 N($t=2.124$,$df=41$,$sig.=0.040<0.05$)和总凝视时间 FD($t=2.174$,$df=41$,$sig.=0.036<0.05$)上均表现为 0.05 水平上的显著性差异。而在简单任务(Vis 2)中,这三个因变量的 t 检验差异分别为搜索反应时 RT($t=-0.827$,$df=41$,$sig.=0.413>0.05$)、注视点数目 N($t=-1.025$,$df=41$,$sig.=0.312>0.05$)和总凝视时间($t=-0.849$,$df=41$,$sig.=0.401>0.05$)。

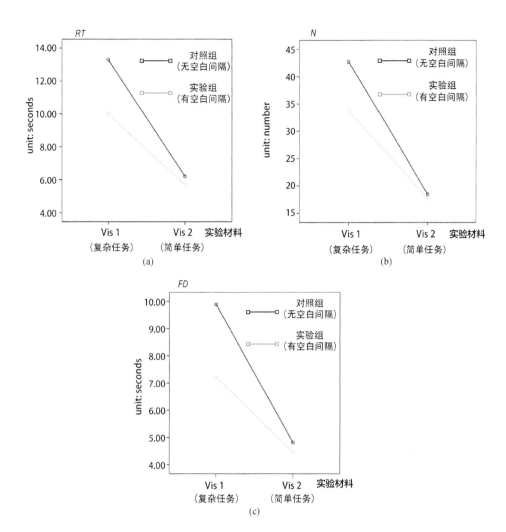

图 6-5　在三个因变量 **RT**、**N**、**FD** 上的双因素交互作用

表 6-2　停顿实验中控制组和实验组关于因变量 **RT**、**N**、**FD** 的成对样本 **t** 检验结果

控制组-实验组		成对差分					**t**	**df**	**sig.**（双侧）
		均值	标准差	均值的标准误差	差分的 95% 置信区间				
					下限	上限			
对 1	RT/Vis 1	5.341	16.000	2.469	.355	10.327	2.163	41	.036*
对 2	RT/Vis 2	−.642	5.030	.776	−2.209	.925	−.827	41	.413
对 3	N/Vis 1	16.643	50.784	7.836	.818	32.468	2.124	41	.040*
对 4	N/Vis 2	−2.262	14.307	2.208	−6.720	2.196	−1.025	41	.312
对 5	FD/Vis 1	4.042	12.048	1.859	.288	7.797	2.174	41	.036*
对 6	FD/Vis 2	−.569	4.343	.670	−1.922	.785	−.849	41	.401

注：* 0.05 水平上的显著性。

除了凝视点数目和凝视持续时间等同时性眼动数据以外,眼动热图可以可视化地清晰表征不同任务的实时工作负荷差异。图6-6是实验组和对照组全组被试某个实验素材上的叠加热图,其中图(a)、(b)为实验组被试叠加热图,图(c)、(d)为对照组被试叠加热图,其中图(a)和(c)中使用的实验素材相同,均为Vis 1,对应的搜索任务为复杂任务;图(b)和(d)中使用的素材相同,均为圆环式实验材料,对应简单任务。从叠加热图中可以看出,在复杂任务下图(a)和(c)凝视点数目和扫视路径之间的差异明显,而图(b)和(d)则差异不大。眼动热图可以看出在复杂任务下是否加入停顿页面对实时工作负荷影响较大,而在简单任务下由于总体工作负荷水平不高,眼动没有明显差异。以第三章中的认知绩效、认知负荷和记忆投入三成分模型图来解释的话可以认为在该实验条件下的实验组的任务难度落在"绩效下滑区",而控制组则是落在"绩效稳定区"附近。

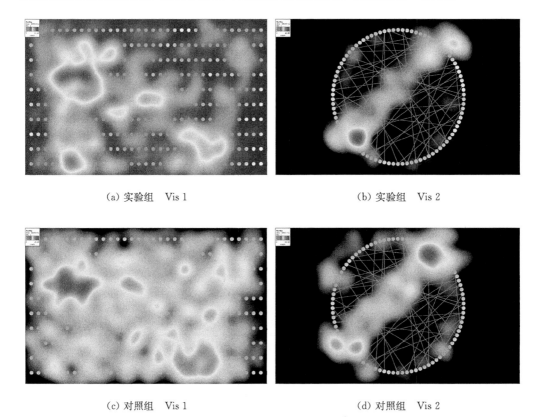

(a) 实验组　Vis 1　　　　　　　　　　　　(b) 实验组　Vis 2

(c) 对照组　Vis 1　　　　　　　　　　　　(d) 对照组　Vis 2

图6-6　停顿实验中实验组和对照组全组被试叠加热图对比

从热图中还可以看出被试在不同实验素材下的搜索偏好。由于矩阵排布的节点和文本排布类似,因此对于矩阵排布的实验素材,被试是按照阅读文字的习惯从左到右、从上至下来扫描图形。然后被试目光在疑似搜索目标处徘徊,最终确定目标位置。而对于圆环排布的实验素材,大多数被试是沿着圆周的方向进行搜索(逆时针居多),最终视线定位在搜索目标处。眼球的圆周运动比水平运动容易,这也是造成圆环图形的平均反应时比矩阵图形的平均反应时更短的原因之一。

另外,在每一组实验中,被试的 RT、N 和 FD 三个因子之间的 Pearson 相关系数均大于 0.90,在单侧 0.01 水平上达到显著。该结果再次证明了绩效数据和眼动数据之间的高相关性。同时性的眼动数据可以反映出被试的实时认知负荷状况,也再次印证了界面任务中操作绩效和认知负荷之间的高相关性。

造成该实验结果的原因来自人类的工作记忆。工作记忆同时兼具了处理信息和存储信息的功能,这二者竞争有限的注意力资源。当新信息进入工作记忆中并且其信息数超过工作记忆广度限制的时候(例如矩阵式实验材料),信息处理的进程则被破坏。而当新信息的容量在工作记忆广度限制以内的时候(例如圆环式实验材料),则对信息处理性能不会产生干扰。由于在本实验中,实验材料采用的是无意义图形,很难转化为语音进入语音环子系统进行记忆,因此该研究中所考量的工作记忆应属于视空画板子系统。它的实验结果和语音环子系统的广度限制类似。

在视觉复杂度低的时候,视觉空白对于认知负荷和搜索性能没有显著影响;而在视觉复杂度高的时候,视觉空白对于提高搜索性能和降低实时认知负荷有着良性的作用。基于大数据可视化的特点,在实际工作学习中所遇到的动态交互式可视化材料的复杂度要远高于实验条件下(去除了文本、图形、背景等会增加总体认知负荷的视觉元素)。因此,在每个搜索任务前设置空白间隔可以减少认知负荷,并提高认知绩效。可视化是沟通人和数据之间的桥梁,因此评判可视化的优劣的唯一标准应该是人的认知效果,而不是其流畅度。因此在一个重要查询信息出现前,不必追求完全流畅平滑的可视化,可以设置合理的短暂空白。但需要注意的是,在现实的可视化案例中空白的含义不应当代表完全空白的页面。因为从前面的动态展示到空白再到新页面,页面会百分百地发生变化,这里的空白和停顿的含义应该是动态信息展示的停止和间歇。

从实验结果中可以看出,在简单任务条件下设置间歇对认知效果没有影响。因此在简单的动画数据可视化展示中(例如最简单的动态饼图等)不需要考量间歇的问题,而在大数据可视化的动态展示中,必要的间歇与停顿是值得考虑的。而关于复杂度的分级及临界值以及动态间歇的设计则需要在后续进一步深入研究。

6.4　空间位置对时序记忆的影响实验研究

6.4.1　时间序列和空间序列的表征一致性

前面所述的心理学研究证据表明,时间和空间在心理上具有一定的相互作用关系。

如果时间序列和空间序列能够产生表征的一致性,那么这种一致性是否可以加强认知主体对时间序列的工作记忆绩效,从而提高整个动态可视化界面的可理解性呢? 可以把动态展示看作是伴随着单位时间(1 帧)而不断变换展示的图像集合。当每一帧上设计要素发生位置、形状、色彩、大小、比例等视网膜变量的变化后我们就能够感受到该设计要素的动态变化。因此,我们设计了以下实验,以无意义的动态节点随帧出现,研究这种动态展示中的工作记忆情况,来分析具有空间序列以及无空间序列的时序信息在不同认知负荷条件下的记忆绩效。

6.4.1.1 实验范式

实验采用新近性判别范式来设计。最初的新近性判别实验范式是利用词汇作为实验素材来判别新近性,包括简单心理测试[182],利用事件相关电位 ERP 技术[183-184]以及利用核磁共振 FMRI 技术[185]来分析新近性判别中的生理机理。不过另有文献指出,利用词汇作为实验素材的话,词汇的语音及长度(包括默读)特征对工作记忆的影响很大[186-187],因此本文中不采用词汇作为实验素材。另外一种比较常见的时序判别任务是 Corsi Blocks 任务,又称积木点击任务[188],它是一种用来测试视-空间记忆能力的实验范式,被试需要依次点击出现的元素。该范式从 20 世纪 70 年代发展至今,从最初的利用手指敲击实体积木发展到鼠标点击计算机程序设定好的多宫格显示序列。后续的许多研究[189-192]都采用了该实验范式来考察材料的不同复杂度对工作记忆中的视空成分的记忆广度的影响。后来 Parmentier 等[193]在 Corsi 任务的基础上又发展出了不受位置局限的点任务。本实验则是综合了积木点击任务和新近性判别范式来设计的。

基于 Baddaeley 提出的工作记忆模型,时序信息在工作记忆中的处理是依靠中央执行器发出指令,传达给语音环和视空画板两个子系统。为了研究时序信息中时间和空间的关系,在本研究中尽量去除语音环子系统对结果的影响,而重点考察视空画板子系统。在此实验的设计中,要求被试对两个视觉相似的元素前后出现的顺序进行新近性判断。时序信息的记忆绩效在一定条件下和工作记忆广度有关。本研究中将时间离散化为时间步 $T_{(x)}$,则每一帧上出现的视觉元素对应着当前时间步信息。判断两个视觉元素顺序的正确率和反应时即任务的认知绩效。

为了研究视空画板子系统对记忆能力的影响,在实验素材的设计上采用非语音编码的视觉设计。将每个时间步上所呈现的基本视觉元素设计为黑色开口圆环,背景为白色背景,如图 6-7 所示。实验素材中出现的 5 种基本视觉元素的形状保持相同,开口方向相差 72°。为了防止被试用语音环(包括默读)子系统辅助记忆(如:上、下、左、右),开口方向避免出现在水平 0°、90°、180°、270°上。视觉复杂度包含结构复杂度、数量复杂度和路径复杂度 3 个子因素。在实验材料的设置上,其 5 种基本视觉元素的形状相同,因此结构上是同质的(相同视觉元素的平面旋转),结果复杂度同一。每个实验单元均出现 5 种视觉元素,因此数量复杂度也是同一的。那么,实验中的唯一自变量则是路径复杂度。在 Parmentier 等人之前的研究中[193]发现 De Lillo C 等人的实验中[194],相邻节点之间的距离长度会严重影响记忆任务结果,因此在本实验的设计上,任意两个相邻节点之间的路径都保持相同的距离 d,这样可以避免距离因素对实验结果的影响。这样就形成了伪随机空间位置组(相邻距离为控制变量),如图 6-7(a)所示和线性空间位置组,如图 6-7(b)所示两种实验素材。该实验材料采用 Adobe Illustrator 和 Adobe Flash 软件制作,实验程序用 Tobii Studio 软件编写。

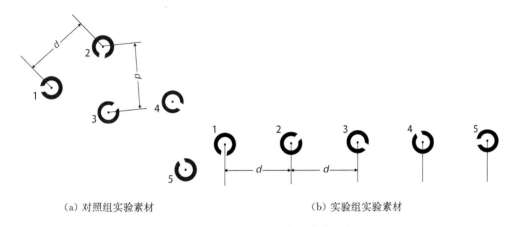

(a) 对照组实验素材   (b) 实验组实验素材

图 6-7　时空关系实验中的实验素材介绍

[图中的数字代表了该视觉元素在实验单元中的展示顺序,并不显示出来。所有实验单元中两个时间上相邻出现的视觉元素之间的距离保持一致。(a)为没有线性空间引导的对照组实验素材,(b)为具有线性空间引导的实验组实验素材]

6.4.1.2　实验程序

实验采用 TobiiX 2-300 紧凑型非接触式眼动仪来采集被试的眼动追踪数据。共有 60 名被试参与实验,实验后获得有效被试 57 人,其中男性 45 人、女性 12 人。被试均为在读研究生,包括 10 名博士研究生和 47 名硕士研究生,年龄范围在 22~33 岁之间。所有被试视力或矫正视力正常,均为右利手。在正式实验之前,设置三组训练实验单元来让被试熟悉实验程序。

图 6-8 解释了该实验的实验流程。在每一个实验单元中,首先在屏幕中出现引导语,来告知被试实验的程序以及如何去做出反应。要求被试将右手食指和中指分别轻放在鼠标左键和右键上,左手放在键盘空格键上,可以在第一时间内做出相应动作来输入信息。引导语结束后,屏幕中央呈现 500 ms 的"+"号来消除视觉残留和统一动态展示序列中的进入注视点位置。动态序列一共包含 6 帧,在空白帧之后依次出现 5 个相继出现的视觉元素,每一帧展示 800 ms。在每个实验单元的最后出现一个判断页面,判断页面中在左右各出现一个前面动态展示序列中出现的元素,要求被试判断

左/右两个出现的相对时间先后次序。为了避免单一前或后的问题使被试找到规律而缩减记忆量,判断页面中的出现在前或在后的问题采用拉丁方设计。每个被试在整个实验过程中除了训练单元外,会测试两种实验材料的各 4 个同质实验单元(除具体图形差异外其他要素均一致)。除去训练单元外,在该阶段内共测试 $4 \times 2 \times 60 = 480$ 个实验单元。

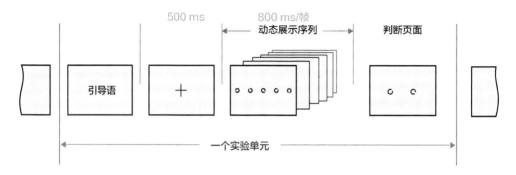

图 6-8 时空关系实验的实验流程

6.4.1.3 实验结果与讨论

根据统计结果,每名被试的实验总用时在 5 min 左右($Mean = 5$ m,$SD = 44$ s),实验流程的总呈现时间为 5 300 ms,被试包括按键反应用时在内的平均判断时间为 $3\,897 \pm 2\,996$ ms,因此可以认为疲劳度对实验结果没有影响。语音环子系统对实验的作用被有效抑制,工作记忆的视空画板子系统对实验结果起到了决定性作用。根据实验结束后对被试的开放式访谈结果也证明,被试在实验的时间压力下没有足够的时间将视觉内容转换为默读记忆,他们只能够依靠视觉图像的瞬时记忆而进行新的判断。

控制组(伪随机空间位置)和实验组(线性空间位置)的新近性判断的正确率分别为 80% 和 81%,t 检验结果表明这两组之间没有显著性差异($t = -0.237$,$df = 454$,$sig. = 0.813 > 0.05$)。从判断页面开始播放到被试有效点击鼠标按键之间的时间记录为反应时。控制组和实验组之间的反应时 t 检验结果表明,两组仍然没有显著性差异($t = 1.310$,$df = 414$,$sig. = 0.191 > 0.05$)。其中控制组的反应时为 $3\,878 \pm 2\,698$ ms,而实验组则为 $3\,539 \pm 2\,567$ ms。该结果表明在线性引导的条件下,被试的记忆绩效有一些轻微的增长(平均正确率上升,平均反应时下降),但这种轻微的增长没有达到统计学上的显著性标准,因此不能做出线性空间引导对时序判断有影响的推论,该实验结果和之前的一些研究相一致[159-161]。

6.4.2　高认知负荷条件下的跟进实验

前面的实验结果表明,在之前的实验条件下时序信息的空间线性位置不能加强认知主体对时间序列的工作记忆绩效。那么,是否空间布局对时序信息记忆在任何条件下都没有影响呢?基于此,本研究又增加了一个实验,来考察这二者之间的相关性,以及是否可以利用空间布局来辅助时间序列的记忆。提出的假设是,在更高的认知负荷压力下,空间布局引导对时序记忆有增强作用。为了不改变实验的范式、程序和素材,而改变总认知负荷状态,对前面的实验进行了一些变换。在时序信息(带有缺口的实心圆环)出现以前,首先在同一位置呈现空心形状,之后时序信息(带有缺口的实心圆环)以帧为单位按序显示,程序和前面的实验相同。如图6-9所展示的是跟进实验中具有线性空间位置排布的一组实验素材6帧依次展现的画面(伪随机空间位置组呈现方式相同)。

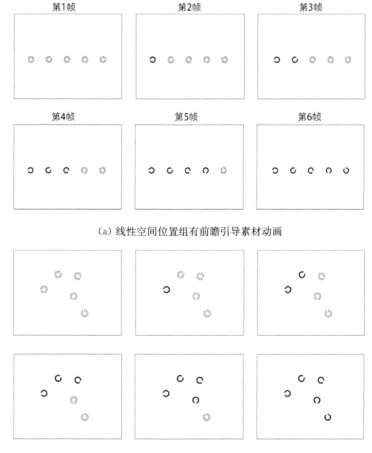

(a) 线性空间位置组有前瞻引导素材动画

(b) 伪随机空间位置组有前瞻引导素材动画

图6-9　时空关系实验跟进实验的实验素材展示示意

将前面一个实验中的所有测试单元作为跟进实验的控制组和增加空间引导线索（带有虚形缺口圆环的测试组，后成为前瞻性指引）的实验组进行比较。两个实验中的实验素材除了预设的空间引导线索以外，其他素材的设置都一一对应。该研究的目的是为了考察在提高系统复杂度和增加认知负荷的条件下，工作记忆中时序信息和空间序列之间的相关性。该跟进实验中包含 180 个训练单元和 480 个正式测试单元。

6.4.3　实验结果分析

两个实验中的正确率与反应时判定方法相同。最终得到前瞻性指引的测试组平均反应时为 $4\,016 \pm 3\,236$ ms，而无前瞻性指引的测试组的平均反应时为 $3\,759 \pm 2\,731$ ms。将二者的整体分布进行 t 检验，结果表明两者没有显著性差异（$t=-1.238$，$df=830$，$sig.=0.216>0.05$）。然而，二者的正确率却显示出了显著性差异。其中前瞻性指引测试组正确率均值为 73%，而无前瞻性指引的测试组正确率均值为 81%，两组之间的 t 检验结果为（$t=2.456$，$df=910$，$sig.=0.014<0.05$）。导致这种结果的原因解释为前瞻性指引组中对整体记忆量的要求提高，从而导致更高程度的认知负荷，继而表现为认知绩效的下降。

可以从眼动追踪得到的图像中来寻找认知负荷水平差异的证据。如图 6-10 所示，该图为综合所有被试的注视点图，图中的每个橙色点都代表了被试的一个凝视点，点的半径和持续时间成正比，细线连接着相邻的凝视点。为了更清晰地看出图形中点的聚集效果，将所有凝视点尺寸等比例缩小，颜色归一（CMYK＝0，64，73，0），并将点的不透明度设置为 60%。从图中可以看到，60 名被试（按键错误的被试虽然绩效数据没纳入分析但其眼动数据依然有效）在时序信息的同一种空间排布和引导条件下的眼动轨迹表现出了强烈的一致性。图 6-10(a)和图 6-10(c)中展示了无前瞻引导的眼动情况，而图 6-10(b)和图 6-10(d)则展示了有前瞻引导实验素材测试单元下的注视点图。除了有/无前瞻引导外，这两个测试单元中的实验素材的其他要素都完全一致。图 6-10(a)和图 6-10(b)是叠加 5 帧（除掉总共 6 帧中的第一帧空白帧外的所有帧）的凝视点数据，而图 6-10(c)和图 6-10(d)则是叠加空白帧之后的前两帧的注视点图。

从图 6-10(a)和(b)中可以看到，在有前瞻引导［图(b)］的条件下，5 个视觉元素周围的凝视点都是密集，其来回往复的横向连线要多于没有前瞻引导［图(a)］的情况。在图(c)和(d)中这种差异更加明显，可以看到当增加了前瞻引导的情况下，被试分配一部分视觉注意到右侧空心图形处导致视线来回交叠严重。而这种变化并不是个例，在 60 个被试上呈现出强烈的一致性。因此，从眼动凝视点图可以看出，增加了前瞻引导后，整体的记忆任务复杂度上升。则该条件下的工作记忆的认知负荷超过了前面实验中没有前瞻引导的情况，这和最初的条件假设相符合。

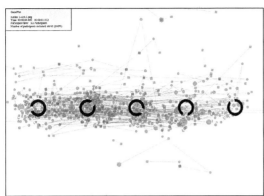

（a）无前瞻引导的五帧凝视点叠加

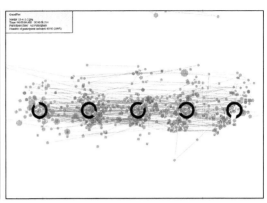

（b）有前瞻引导的五帧凝视点叠加

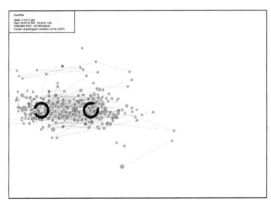

（c）无前瞻引导的两帧凝视点叠加

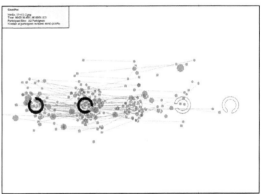

（d）有前瞻引导的两帧凝视点叠加

图 6-10　时空关系实验中一个实验单元的注视点图对比

　　为了更深入地探究线性/伪随机空间位置和增加/无前瞻性指引对时序记忆的影响，对两个双水平自变量的作用情况进行进一步分析。比较在增加了前瞻性指引的条件下，有线性空间引导和无空间引导对认知绩效的正确率和反应时的影响。结果表明在该条件下，其正确率的差异显著（$t=-2.031$，$df=454$，$sig.=0.043<0.05$），其中具有线性位置组的均值为 78%，而伪随机空间位置组为 70%。而对反应时的比较则没有显示出显著性差异（$t=0.536$，$df=414$，$sig.=0.592>0.05$），线性位置组的均值为 3 923±2 855 ms，而伪随机空间位置组为 4 094 ± 3 594 ms，略有上升。综合以上结果，可以认为增加前瞻性指引后，时序信息的工作记忆绩效由于增加了线性位置而得到提高。另外，在线性位置排布时，无论是否增加前瞻性指引其绩效均保持稳定（$sig=0.516>0.05$），而伪随机位置排布则出现显著性变化（$sig.=0.034<0.05$），如表 6-3所示。

表 6-3　空间排布和前瞻引导的交互效果成对样本 t 检验结果

有无前瞻引导		成对差分					t	df	$sig.$（双侧）
		均值	标准差	均值的标准误差	差分的 95% 置信区间				
					上限	下限			
伪随机排布	无/有	0.087	0.583	0.040	0.007	0.166	2.139	207	0.034
线性排布	无/有	0.024	0.533	0.037	−0.049	0.097	0.650	207	0.516

图 6-11 具体说明了实验中的两种作用条件下的绩效分布情况。图中左下角的位置为较差的绩效分布区域,对应着更多的反应时和更低的正确率。与此对应的,图中右上角位置为较优绩效分布区,其反应时更少而正确率更高。其中各实心节点代表无前瞻性引导条件,而空心节点代表有前瞻性引导条件。而方形节点对应伪随机位置,圆形节点对应线性位置排布,圆圈中的数字代表序列广度记号,在后文中会对此展开分析。

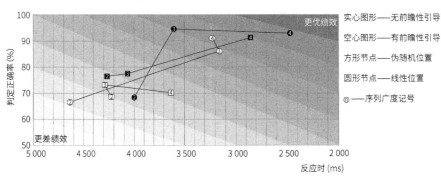

（a）绩效总体分布图

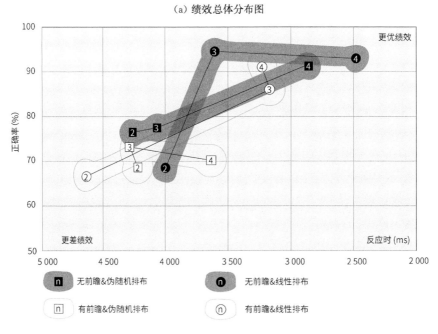

（b）因子气泡图

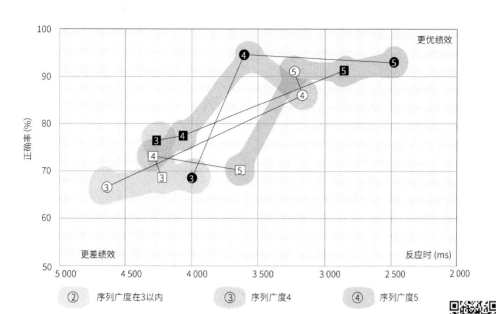

（c）序列广度气泡图

图 6-11　时空关系实验中的绩效分布情况

为了能够更直观地表达各组之间的变化，用气泡图（Bubble Map）来区分不同实验材料下的绩效均值。在图 6-11（b）中可以看到，虽然气泡之间在一定程度上存在交叉，但是仍然能够看出红色的气泡（没有前瞻引导的线性排布组）表现出了最高的绩效水平。相比之下，蓝色气泡（具有前瞻引导的伪随机排布组）的绩效最差。

对实验的结果进一步展开分析，在进行新近性判断的时候，被试在判断页面设置的题目分为三种跨度，分别是跨度为 3 个时间步以内的、4 个时间步和 5 个时间步。由于实验中整个时序信息的时间跨度为 5，所以在设置题目的时候将 2 个以内的都认为设定为中间几个素材之间的新近性判断，而 4 个时间步则必然有一个序列处在第一帧或者最后一帧，而 5 个时间步则必然是第一帧和最后一帧的新近性判断。实验心理学中一些经典的研究（例如，Wright[195]；Nairne[196]；Kerr[197]）已经表明，人的记忆有着明显的首因效应和近因效应，即呈现在序列首尾的项目更容易被记住。如图 6-11（c）所示，可以比较明显地看出所有的呈现实验材料从 3 个序列到 4 个序列再到 5 个序列之间的新近性判别都出现了绩效的提高，即正确率上升而判别的反应时下降。这说明位于时序开始和结束位置的信息更不容易被忘记，即体现出首因效应和近因效应对于工作记忆绩效的影响。

在正式实验之后对被试进行开放式访谈中发现，由于时间压力的存在，被试来不及组织有效的默读记忆辅助，因此在该实验条件下语音环子系统对被试工作记忆绩效的影响度不大。这和最初的实验设置初衷保持一致。由于语音环子系统对工作记忆广度的影响很大，将该子系统屏蔽以后，工作记忆广度必然会下降。这也是该实验整体的记忆广度低于经典的工作记忆广度 7 ± 2（Miller[104]）的原因。因为该实验总体呈现数目为 5 个,测试的时序信息的记忆广度在 $2\sim5$ 之间,选择的被试都是优秀大学的在读研究生,可以通过其学历结构和年龄段分布大胆假设其工作记忆能力在全民平均值以上。如果实验中工作记忆可以全系统有效运作的话,理论上此测试的正确率应该接近 100%,但实际的总体正确率在 77.3%,这也佐证了该实验中工作记忆无法全系统运作,语音环子系统受到了抑制。另外,在实验进行过程中,各组间的实验顺序按照拉丁方设计,如图 6-12 所示,将各实验单元的正确率均值按照测试单元顺序排列呈现出随机性,并没有随着实验进程的推移呈现线性增长。这说明在实验进程中被试来不及组织高级的记忆策略,因此影响实验结果的主要因素是不同的实验素材设置中的两个变量。

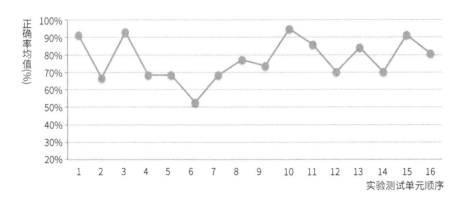

图 6-12　实验测试单元顺序的正确率均值

另外,有文献指出（Maccoby[198]；Richardson[199]）,在视空领域中存在一定的性别差异,男性相对更有优势。本实验过后也将结果基于性别做了统计,表明男性的平均正确率为 78.8%,略高于女性的平均正确率 71.4%（$t=1.489, df=55, sig.=0.142>0.05$）,但是由于样本数有限,所以该结果不具有显著性,但男性略高于女性的均值分布和前人的实验结果相符。

6.4.4　实验结论

工作记忆是影响人们对可视化图示理解力的关键因素,基于此,本研究通过实验对不同实验材料作用于工作记忆中的视空图像处理器子系统的情况进行了研究。结果表明,当系统复杂度不高的情况下,是否加入空间线性空间排布策略对于被试的时序信息的新近性判定没有显著影响,这说明在工作记忆中时序信息和空间位置信息是分离存储的。但是,当系统复杂性提升的情况下,加入空间线性空间排布策略能够提升被试对于时序信息的记忆绩效,这说明在复杂状况下空间位置信息对时序信息的记忆有相关性。而在实际的大数据可视化中,其系统的复杂度及干扰信息项远大于前文的跟进实验中的情况,可以说大数据可视化属于高复杂度状况,那么在此条件下时序信息的空间线索可以提高工作记忆绩效。

基于以上的实验结果,在大数据可视化中可以采用线性空间位置排布(或者其他的规律性空间排布策略)来安排以信息元数据维度中的时序来表征的信息序列,这样可以提升被试阅读可视化图形时的工作记忆绩效,进而提升对可视化图形的理解力。另外,实验中同样反映出时序信息的记忆呈现出强烈的首因效应和近因效应,因此在可视化设计中可以将重要节点信息设置在一个动态变化序列的首尾,这样可以更加满足工作记忆要求,从而增强用户对于可视化的理解力。

6.5 线性节点动态变化方式实验研究

6.5.1 线性空间布局的时序信息动态变化的实验目的

从前一个实验可以看到,在大数据可视化的条件下,具有线性的空间排布规律可以帮助时序信息的记忆。而设计要素空间位置变化的方向和速度的差异对用户在心理上构建正确的时间序列的影响也有差异。因此,我们设计进一步的实验来探讨线性空间排布下不同时序信息变化方式对于认知绩效的影响。为了找寻最合理的线性节点动态变化的方式,在本节中设计了三组实验,分别对比不同的跳转方式、水平运动方向和两个相邻节点的不同运动时间。因变量为用户的认知绩效,以回忆问题的正确率和回忆反应时以及凝视点跳转的幅度和变化为考量依据,来判别对比材料的优劣。

6.5.2 实验方法

实验采用 Tobii X2-300 Compact 无接触式眼动仪来采集眼动数据,仪器采样频率为 30 Hz,凝视精度为 $0.4°\sim0.5°$。实验动画和图像的设计分辨率为($1\,280\times960$) px,采用 HP 显示器呈现,亮度为 92 cd/m²。实验室内照明条件正常(40 W 日光灯);被试与屏幕中心的距离为 $550\sim600$ mm;被试为 40 名在校研究生,17 男、13 女,年龄在 $22\sim28$ 岁,视力或矫正视力正常,无色盲或色弱。实验之前,通过一个练习实验章节让被试熟悉实验规则。

设置的自变量一为节点的跳转移动方式(如图 6-13 所示),自变量二为跳转移动时间,因变量为用户的认知绩效,以回忆问题的正确率和回答时间以及眼动轨迹和目标轨迹的重合率为考量依据。在实验中用无意义的大小写字母组合代替时刻信息。提问的问题覆盖了可视化中的三种类型的任务:搜索任务、比较任务和预测。

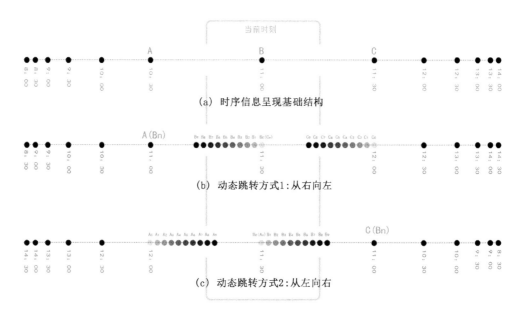

图 6-13　线性节点动态方式实验中的节点动态变化方式

　　实验首先将每个时间点的同质信息内容屏蔽,提炼出信息的最简图元结构,用实心原点来表征信息节点,用一对大小写配合字母组合来代表节点信息,在正式实验开始前进行了一些测试,让难度保持在合理的水平,以防止"天花板现象"和"地板现象"的产生。实验动画和图像材料采用 Adobe Flash 软件制作,将输出格式设定为带有序列的 gif,保证了图像的有限尺寸和清晰度。除了需要对比的部分以外,其他的部分均采用了相同的设计:(1)都采用横向线性的图元排布方式;(2)运动方向统一为水平线性;(3)图元表征方法相同,都采用实心圆点代表信息节点;(4)所有图像都为白色底(CMYK＝0,0,0,0),蓝色文字(CMYK＝90,60,0,0)的设计;(5)统一采用无意义的大写字母＋小写字母组合作为节点信息要素,而避免使用诸如 If,Or 以及 ABC 等有意义、容易引起联想记忆的字母组合素材。

　　正式实验中,被试阅读完指导语,按键盘任意键开始实验。首先,屏幕中央呈现注视点"＋"500 ms,随后开始一段表征线性节点流动方式的动画。"＋"和动画信息之间设计存在一定的空间距离,这是为了让初始视点远离时序信息区域,便于评测眼动轨迹。如图 6-14 所示,动画用一系列由 n 张 gif 格式的图片依次呈现来组成。第一张图片呈现时间为 300 ms,中间的第 $n-2$ 张图片呈现时间为 100 ms,最后一张图片呈现时间为 600 ms。动画放映完毕屏幕中呈现记忆回想选择题,每个问题设置 5 个选项(1 个正确选项、4 个干扰选项),被试通过鼠标左键点选来做出判断,以此可以测试出被试对于刚刚呈现的节点信息的回忆绩效,实验流程如图 6-14 所示。其中每段动画中,以实心圆点来表示节点,直线的中心位置密度最小,代表当前时刻的节点信息,两端节点之间的距离逐渐紧密,代表时间上更远的节点(过去或者将来),如图 6-15 所示。实验为被试内设计,设置的自变量一为节点的跳转移动方式,自变量二为跳转方向,自变量三为跳转移动时间。

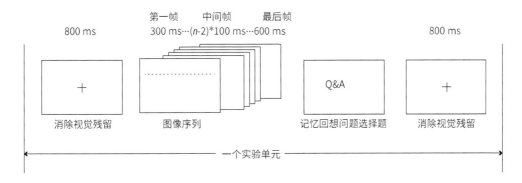

图 6-14　时序信息视觉呈现空间一致性实验流程图

图 6-15　线性节点动态方式实验节点信息表征

6.5.3　实验数据与讨论

第一组实验是比较两种跳转方式的差别。对照组是采用瞬间跳转的节点信息跳转方式,而实验组是采用逐步移动的节点跳转方式。两组材料的总计跳转时间都为1 000 ms,方向都为从右向左移动(左边代表逝去的时刻)。实验结果表明,被试选择的正确率的主效应($t=-1.025$, $df=58$, $P=0.310>0.05$)和反应时的主效应($t=-0.960\,5$, $df=58$, $P=0.341>0.05$)差异均不显著。其后对实验组的呈现方式做了一些调整,在 10 帧总计 1 000 ms 的时间内,前面 500 ms 采用逐步移动的节点跳转方式,然后屏蔽节点信息 500 ms,最后一帧 300 ms 的呈现方式与对照组一致。将改进后的实验与之前的对照组和实验组进行比对,正确率的主效应为($F=4.602$, $df=87$, $P=0.013<0.05$),反应时的主效应为($F=3.330$, $df=87$, $P=0.040<0.05$),均反映为差异显著。可以解释为短暂的屏蔽时间可以让被试主动调整心理模式,方便进行新的记忆。不同节点跳转方式的正确率对比如图 6-16 所示。

第二组实验是比较不同的水平移动方向的差别。对照组是采用从右向左的方向(左边代表逝去的时刻),而实验组是采用从左向右的方向(右边代表逝去的时刻)。两组材料的总计跳转时间都为 1 000 ms,跳转方式都是采用逐步移动的方式。实验结果表明,左右移动的节点跳转形式在移动时间和移动方式都相同的情况下差异并不显著,正确率的主效应为($t=0.766$, $df=58$, $P=0.447>0.05$),反应时的主效应为($t=0.432$,

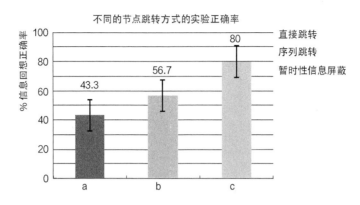

图 6-16　线性节点动态方式实验正确率对比

(a 为节点信息伴随节点先呈现 1 000 ms,然后直接跳转为新的节点信息;b 为节点信息伴随节点在 1 000 ms 内逐渐跳转;c 为节点信息先伴随节点移动 500 ms 后屏蔽节点信息 500 ms 再呈现新的节点信息)

$df=58$,$P=0.667>0.05$)。也就是说人们对于时序流动的方向并没有明确定义。

第三组实验是比较不同的跳转移动时间下的差别。对照组是采用 1 000 ms 的移动时间,而三组实验组的移动时间分别为 500 ms,1 500 ms 和 2 000 ms。各组材料都是采用逐步移动的跳转方式,方向都为从右向左移动(左边代表逝去的时刻)。实验结果正确率的主效应为($F=2.818$,$df=116$,$P=0.042<0.05$),反应时的主效应为($F=6.981$,$df=116$,$P=0.000<0.05$),均反映为差异显著。这说明节点之间的运动时间对于被试对节点信息的记忆有着显著的影响。

如图 6-17,6-18 所示,综合 30 个有效被试的数据可以看出:在 1 500 ms 的跳转时间处,正确率达到峰值,而反应时整体用时最少。这说明在几种逐步跳跃时间中,1 500 ms 的操作绩效最优。

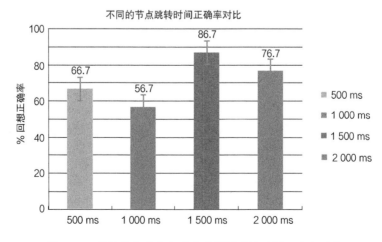

图 6-17　线性节点动态方式实验不同跳转时间正确率对比

(从左到右依次为 500 ms,1 000 ms,1 500 ms 和 2 000 ms 的逐步跳跃时间)

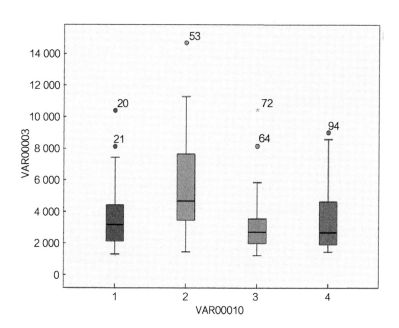

图 6-18　线性节点动态方式实验不同跳转时间反应时对比

（从左到右依次为 500 ms,1 000 ms,1 500 ms 和 2 000 ms 的逐步跳跃时间）

6.5.4　实验结论

（1）以时序为节点排列规则水平运动的节点在动态信息呈现的过程中,不同的运动方式对工作记忆绩效有着显著的影响,在控制其他因素等同,前后节点的总呈现时间一致的情况下,其中节点随时间在空间上逐步运动的跳转方式比呈现一定时间后直接跳转到下一个空间位置的跳转方式认知绩效更高。在跳转过程中呈现新节点信息前对前一节点信息进行短暂的屏蔽,这种方式下认知绩效达到峰值。该试验结果和 6.2 章节中的试验结果一致。图 6-19 呈现了一种泛化的时序信息表征方式。

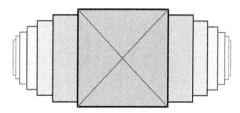

图 6-19　一种泛化的时序信息表征方式

（2）以时序为节点排列规则水平运动的节点在动态信息呈现的过程中,从认知绩效结果来看,被试没有固定的心理正向,而是以节点运动的方向来定义时序的前后序列。

（3）以时序为节点排列规则水平运动的节点在动态信息呈现的过程中,两临近节点之间的动态移动时间对认知绩效有着显著影响。经实验证明两相邻节点之间的运动时间在 1 500 ms 左右时认知绩效达到峰值。

6.6 基于实验的动态时序信息表征策略

在本章中介绍了关于动态时序信息表征的多个眼动行为实验。这些实验所提供的眼动追踪和绩效数据验证了关于动态时序信息表征策略的假设。那么具体来说,这些可行的动态信息表征策略可以总结为以下三个具体策略。

(1) 视觉锚点引导的页面连贯性表征策略

在大数据的多页面展示中,无论是基于时间步推移自动展示的被动式动态表征,还是人的操作介入的主动式交互式表征,当页面展示发生变化的时候,实现多页面间知识的连贯性是检验大数据可视化设计优良的重要准则。视觉锚点是页面动态变化时相对保持连贯的视觉元素。视觉锚点可以体现为重要节点的视觉展示、可视化图形的缩略图概览等,它在动态变化的相继页面中在视觉和含义两个方面都保持不变。视觉锚点可以给用户提供新页面感知的基点,以此帮助用户建立起相继页面间知识的连贯性。

(2) 重要节点信息展示前的视觉间歇性表征策略

在信息以时序动态展示的过程中,在一个新的重要节点信息展示前,页面中需要出现一个短暂的视觉留白。这里所指的留白并不是要求插入一个完全空白的页面,而是指隐去节点的数字、名称等文字性解释信息的低复杂度页面。从 6.3 节和 6.5 节中两个实验的过程和实验结果来看,这个视觉间歇性可以设置为 500 ms 左右。在大数据可视化动态展示过程中重要节点信息出现前插入间歇性符合工作记忆特点,可以提高用户对信息的理解绩效。

(3) 时序信息的空间位置逻辑一致性表征策略

在动态展示过程中,节点信息具有时间上和空间位置上的两种序列方式。从 6.4 节的实验结果中可以看到,在大数据高维多元的信息可视化背景下,这两个序列保持一致性即时间步上的节点信息按照空间轨迹展示有利于用户的认知和记忆,从而提高整个大数据可视化的可理解性。

本章小结

本章在第五章的基础上,进一步深入探讨动态交互式的大数据可视化在交互设计中的设计要点。从单页面的平行展示跨越到多页面的相继展示,增加了时间表征维度,需要解决页面间知识连贯性的问题。本章针对这一问题,设计了多个心理学行为实验,基于实验结果的基础上提出了三个具体可行的表征策略,包括:

(1) 视觉锚点引导的页面连贯性表征策略。

(2) 重要节点信息展示前的视觉间歇性表征策略。

(3) 时序信息的空间位置逻辑一致性表征策略。

第七章

基于视觉动量的大数据可视化眼动评价方法

高维多元数据量造成的页面局限性使得大数据可视化朝着动态交互式的表征方式发展。而多页面的可视化由于其过高的视觉元素数量和复杂度，无法按照传统的评价方法进行客观测评。基于此，本章导入多页面集成中视觉动量的概念，将定性描述定量化，结合多个眼动指标，从实验中提取数据最终提出一个可以客观评价大数据可视化的可行方法，并通过实验对该方法加以验证。

7.1 现有测评方法和指标

7.1.1 现有测评方法概述

由于大数据可视化是一个较新的概念，在本研究之前并没有专门针对大数据可视化的评价方法。常见的基于用户的、可用于界面设计的评价方法有主观评价法、绩效评价法和生理评价法三种。其中主观测评法主要是依靠事后心理量表测试分数来作为评判认知负荷的依据。常见的工具包括 PAAS 认知负荷主观量表、SWAT 认知负荷主观量表(Subjective Workload Assessment Technique)、NASA 所采用的 TLX 任务负荷指数量表(Task Load Index)以及 WP 工作负荷多成分量表(The Workload Profile Index Ratings)等。研究表明基于精神工作负荷的多资源模型[200-201]的 WP 量表在敏感性、可诊断性和可用性上效果更优[202-203]。

绩效研究中常用的指标包括精确度和反应时，在过去的 30 年里，有很多的研究都采用眼动追踪数据作为认知负荷的预测工具。眼动可以提供信息检索和处理进程中有价值的匹配信息[204]。研究表明，眼动追踪数据的测量相对于传统的反应时和正确率等绩效测评具有更实时精确的优势[40, 205]。在一般情况下的交互式可视化认知任务中，反应时数据不容易提取到或者无法体现出任务差异性。例如，一段时间的飞机运行状态的实时态势感知任务中，反应时数据是同一的，无法用来量化表征认知绩效。但是这时眼动数据必然是有差异的。在对 3D 和 2D 材料的研究中发现，增加了深度线索后两组被试的反应时之间没有明显差异，但是视觉搜索区域之间存在明显不同[206]，这个结果也可以认为眼动参数对于任务的敏感性高于反应时。

尽管还存在例如 fMRI、EEG、EOG 等很多其他的生理测量方法，但是这些都需要在严格的实验室条件下进行，在目前的硬件条件下不具备一般工作环境下的测评条件。随着眼动仪的发展，轻量和便携以及非接触的眼动仪的出现让眼动数据的采集更加容易且对被试的侵扰性降到最低。因此本研究中尝试采用眼动追踪数据来描述用户在读取大数据可视化时的心理负荷状态，以正确选择下的反应时作为绩效指标，辅以 WP 心理量表来探讨心理量表在交互式可视化测评中的可用性。

7.1.2　同时性眼动指标

在同时性眼动数据中，人们常用的数据包括眨眼持续、凝视持续、眨眼频率、凝视频率、瞳孔直径、扫视幅度、扫视速度和扫视路径等。实验研究证明凝视时间和扫视幅度能够体现出视觉刺激材料的差异[207]。一般来说，当任务复杂性增加时，扫视程度大幅度降低而自发性扫视则被极大地限制了[208]。而当即时认知负荷增加的时候，观察者的搜索绩效会降低，同时伴随着凝视点数目[209]、扫视数目[210]、长时间凝视频率[211]的增加。在复杂视觉搜索任务中当任务复杂性增加时，微扫视率会增加[212,213]。而眨眼频率受疲劳度影响较大，随任务时间增加而上升[214]而随着搜索任务难度增大而降低[211,215,216]。Van 等采用眼动运动指标建立回归模型过程中发现凝视持续时间比眨眼频率更具有鲁棒性和可靠度[211]。这可以解释为凝视持续可以反映被试消耗在当前凝视对象上的时间，也就是注意力分布的程度[217]。

7.1.3　大数据可视化界面的测评研究难点

随着数据获得的便捷性和可视化工具的增多，交互式动态可视化的种类和形式也越来越多。数据的膨胀和结构的烦琐都会加重认知上的困难。与早期数据量少的单页面的数据可视化不同，大数据可视化由于其高维多元的特征往往无法在一个页面内同时显示，需要采用交互式的方式分页面、分层次进行相继页面的展示。这时候，相继页面之间的过渡是否能够为人们所接受和理解是一个很关键又常被忽略的问题。为了完成一个复杂的认知任务，用户需要付出巨大的注意力资源来集成多个页面之间的可视信息，在心理上完成一个知识的连贯。人们在不同的工作页面切换过程中会很容易产生"迷失"和"锁眼"问题，对整个系统的概念关系没有一个清晰的认识，无法理解当前页面在可视的数据系统中的位置，或者是只能注意到当前所展示的一个局限的页面。

因此,从认知角度去评价这些多页面的动态交互式可视化是一个值得探究又困难的课题。动态交互式可视化在评价上的困难和障碍主要来自三个方面。第一是不同的可视化涉及的领域不同,即使是同一个数据集不同的表征方式在语义上的差异都会非常大。第二认知主体主观影响巨大,被试的知识结构、对领域和操作的熟悉程度,甚至包括测试时的心理和生理状态都会对可视化认知造成巨大的影响;第三是动态交互式可视化中的视觉元素过多,而各元素之间又会产生联动的关系。例如改变一个元素的平面位置会引起其他元素相对位置的相应变化,改变一个视觉编码强度会改变所有编码维度的视觉凸显性。因此,将动态交互式可视化拆分成元素集进行分别评价的方法是不可行的。本研究则尝试找到一种可行的模糊评价方法来评价交互式动态可视化的优劣。

7.2 以视觉动量为指标的测评方法

7.2.1 视觉动量的概念

在相继页面的过渡问题上,Woods 于 1984 年首度[152]将电影剪辑中的一个术语"视觉动量"引入了界面设计中。他将视觉动量定义为在变换视图中界面对信息集成的支持程度。视觉动量和用户在不同展示之间提取和集成信息的能力相关,也可以说是一个注意分布问题[218, 219]。

Woods 提出了提高视觉动量的 6 个设计手段,如图 7-1 所示,解释为从左到右设计手段的视觉动量作用效力依次提高。全部替代(Total Replacement)是指两个页面之间所有的信息没有联系,新的页面需要全部重新定位和感知。也可以说全部替代并没有使用具体的提升视觉动量的设计方法,但为了和后面几种技术相区分,仍然将其列为最低层级的视觉动量提升方法。固定格式数据替代(Fixed Format Data Replacement)技术涉及空间分配问题。它要求不同的视觉元素(诸如菜单、命令、分类、框架和表格等)在跨页面切换后仍然在固定的或者连续变化的空间位置上。在页面切换后一些视觉元素的位置保持不变,被试可以将注意力集中分配到发生变化的区域,以此来提升页面切换的视觉动量。例如幻灯片就常用这种技术来让人们聚焦新页面中被更新的页面部分,而不是全部页面。"固定格式数据替代"是比较基础的视觉动量提升技术。

在动态可视化中用到的效力比较高的视觉动量提升技术包括长焦镜头(Long

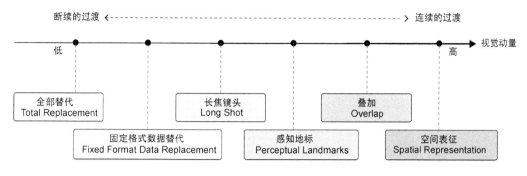

图 7-1 视觉动量提升技术

（该图编译自 Woods，1984[152]）

Shot）、感知地标（Perceptual Landmarks）、叠加（Overlap）和空间表征（Spatial Representation)技术。长焦镜头技术强调视觉区域之间相互的映射关系，它通过低水平的展示关系概览来表达整体的结构关系，是一种常用而有效的视觉动量提升技术。界面中的感知地标和真实世界中的地标功能类似。我们在日常生活中往往通过地标来定义我们的当前位置。例如，在我们从家里出发到学校去这个事件中，家和学校就给我们的精神世界中提供了有用的地标信息。在可视化界面设计中，我们同样需要一些感知地标来辅助我们的理解，将"我在哪儿""我到过哪儿"和"我将要去哪儿"等抽象概念具体化、视觉化。叠加设计技术通过同一位置上显示的附加信息和现有视觉信息自然和功能上的相近性来帮助被试更好地理解可视化。它通过在兴趣区提供相关信息的精确描述将序列化的展示方式变为平行展示从而提高视觉动量。空间表征又称空间结构，Woods 对它的描述是"找寻数据的过程变为自动感知功能，而不是有限能力的思考功能"[152]。这就要求设计者在设计之初就对可视化界面嵌套一个特定的空间结构和组织关系，而这种可理解的空间关系需要来源于实际的生活经验。需要注意的是，这些展示技术可以叠加运用，往往在更高级的视觉动量提升技术中结合运用了低等级技术。

7.2.2 视觉动量的定量研究

只有量化的数据才能形成评价指标。因此本研究尝试将视觉动量的研究从定性转为定量，运用定量的视觉动量表达来评价大数据可视化界面。在多页面过渡过程中，视觉动量和认知负荷的概念有类似之处，都可以反映即时的认知努力程度，但是描述的对象不同，视觉动量是指界面对人信息集成的支持度，而认知负荷是指人在特定工作时间内投入到认知系统中的精神活动总量[118]。之前的文献对于视觉动量的描述中，提出了视觉动量和认知负荷之间数量上的负相关关系。一个高的视觉动量界面意味着对应着多页面间的平滑自然的过渡，可以帮助快速定位到搜索目标、提供回想线索并优化观察者的精神组织进程,因此即时的认知负荷降低而认知绩效则得到提升。相应地,当视觉动量低的时候,晦涩的过渡会带来负面情绪和操作失误,用户投入大量的精神努力却无法得到理想的认知绩效。因此,可从视觉动量同认知负荷和认知绩效之间的负相关关系入手来预测一个交互式可视化所支持的视觉动量,进而得到对可视化设计的评价。

因此,本研究从视觉动量和认知负荷的负相关关系入手,以在交互式可视化中敏感的眼动指标进行可跨材料的归一化处理后建立回归模型,用来预测视觉动量可能的数量范围。并且以前文对视觉动量研究的不同效力的设计手段来处理同一个可视化,以验证定性研究和定量表征的一致性。除此之外,前人关于视觉动量的阐述都是引用不同的实例来解释这些设计手段,这些所引用的实例由于内容不同,其相互之间不存在量化的可比较性。本研究中采用相同内容的可视化来进行可以跨可视化材料的视觉动量量化表征研究。

7.2.2.1 视觉动量回归模型假设

根据视觉动量的定义,它可以影响被试在不同页面之间提取和集成信息的能力。通过前面对眼动指标的分析,本研究中选择总凝视时间 T、总扫视距离 D 和凝视点数目 N 三个指标引入回归模型来共同表征一个虚拟指标。其中,扫视是眼球的快速运动,被试用来调整视线使得眼球中央凹区域和感兴趣目标吻合[220]。扫视距离 D 可以反映出被试在寻找目标和理解对象时的自发性眼跳状况,和实时注意力投入比例密切相关。凝视时间 T 可以反映出被试对注视点的理解用时,和任务难度密切相关。凝视点数目 N 可以反映出特定认知任务下界面中的视觉兴趣点,和任务复杂度密切相关。

通过选取的眼动因子来估计 VM 的预测值,因变量为 VM 的三元线性回归模型假设可以表达为

$$VM = \beta_1 T + \beta_2 D + \beta_3 N + \beta_0 \qquad (7\text{-}1)$$

其中,β_1、β_2、β_3、β_0 均为常数。我们假设在一个交互式动态可视化任务中所呈现的可视化页面为 $j+1$ 个,那么共有 j 个页面切换过程。在该研究中所涉及的不同页面是指在功能、结构和内容上发生了实质性变化的页面。因此,信息在动态过渡展示中的过渡帧以及鼠标划过或者悬停动作所引起的局部叠加信息展示不计入页面总数。

7.2.2.2 眼动因子的归一化处理

为了能够将该模型应用在不同可视化材料中,首先要对各原始参数进行去量纲的归一化处理。在眼动仪中可以直接获取到每一个凝视点上的凝视时间。那么可以将任务时间内的各凝视点数目简单求和得到总凝视时间 t,将其除以一个平均凝视时间 250 ms[221],记为 t_0。则第 g 个被试的总凝视时间因子 T_g 可以表达为:

$$T_{\mathrm{g}} = \frac{\sum\limits_{i=1}^{n} t}{t_0(j+1)} \tag{7-2}$$

同样的,由于凝视数目 n 是无量纲参数,因此第 g 个被试的总凝视数目因子 N_{g} 可以简单表达为:

$$N_{\mathrm{g}} = \frac{\sum\limits_{i=1}^{n} n}{(j+1)} \tag{7-3}$$

由于眼动仪只能捕捉到每个扫视点 r 的坐标信息 (Px_r, Py_r),因此先计算出被试在一个任务之内扫视的距离之和,再除以实验材料的对角线长度 D_{diag},得到去量纲的归一化扫视距离,n_{g} 为第 g 个被试的视点数目总和,则第 g 个被试的扫视距离因子 D_{g} 可以表示为:

$$D_{\mathrm{g}} = \frac{\sum\limits_{r=2}^{n} \sqrt{(Px_r - Px_{r-1})^2 + (Py_r - Py_{r-1})^2}}{D_{\mathrm{diag}}(j+1)} \tag{7-4}$$

其中 $r = 2, 3, \cdots, n_{\mathrm{g}}$。

7.2.2.3 运用行为数据估计视觉动量值

由于大数据可视化要求被试需要同时交互处理多个视觉信息,一个页面上的新信息量是远大于人的工作记忆容量的,因此大数据可视化的认知任务是一个复杂任务,在这种情况下,随着努力(投入使用中的记忆量)的上升,认知负荷也随之上升,而操作绩效则呈线性下降[222]。因此,我们可以通过该状况下认知负荷和操作绩效之间的负相关关系,采用操作绩效量值来估计视觉动量的数值。在本研究的实验中,操作绩效数据表示为正确感知下的反应时,记为 t^c。运用数学处理后的反应时数据来估算公式(7-1)中的各系数。首先采用 z 分数归一法对一组被试的反应时进行归一化处理,再利用最大最小值法将其投射到 $[0,1]$ 的区间上,这样就可以用容易理解的百分比形式来表征视觉动量 VM 值。被试 g 的反应时 z 分数 $z(t^c)_g$ 表达为:

$$z(t^c)_g = \frac{t_{\mathrm{g}}^c - \mu(t^c)}{\sigma(t^c)} \tag{7-5}$$

那么被试 g 的视觉动量值 Predict-VM_{g} 可以估计为:

$$\text{Predict-}VM_{\mathrm{g}} = \frac{z(t^c)_{\max} - z(t^c)_g}{z(t^c)_{\max} - z(t^c)_{\min}} \times 100\% \tag{7-6}$$

7.3　视觉动量检测方法的实验验证

针对前面提到的交互式可视化评价的三个主要困难,在研究中对所涉及的被试和可视化素材做了一些限定。首先,我们采用的不同实验组所测试的可视化材料来自同一个数据库,这些不同实验组之间的可视化素材除了材料中所提出的影响视觉动量的表征要素差异之外,在页面布局和视觉编码方法上都保持统一,让这些材料之间具有可比较性。由于熟悉度对可视化读取绩效的影响巨大,因此对于同样内容的可视化材料无法采用被试内设计来进行同一个被试的反复测量,只能将被试分成不同的测试小组进行被试间设计。这时,被试的知识结构以及领域和操作的熟悉度对实验结果必然产生影响。通过控制被试的人口统计数据,选取同一教育层次、同一专业、同一年龄段的被试,可将被试间差异降到一个可接受的空间内。而对于可视化中的视觉元素过多的问题,则放弃从视觉元素离散组群的角度进行评价,而是从认知负荷的角度进行被试实时注意力投入程度的测量,以此来反映出界面的视觉动量支持程度。

该实验研究经过材料审核和现场答辩,通过东南大学中大医院伦理道德委员会的审批,所有的实验在东南大学产品设计与可靠性研究所进行,所有被试在参与实验前都签署了知情同意书。该实验程序的设计遵循 2013 年修订的"赫尔辛基宣言",符合相关国际机构道德标准。

7.3.1　视觉动量回归因子提取实验

7.3.1.1　实验被试与设备

实验采用 Tobii X2-300 非接触式眼动仪来收集被试眼动追踪数据。动态交互式可视化实验材料在 IE 中居中展示,分辨率为(1 280×960) px。实验室布置模拟一般工作环境,实验材料呈现在 HP21 寸显示器上,亮度为 92 cd/m²。实验室处在一个一般工作照明环境下(40 W 日光灯),被试和屏幕的距离约为 550～600 mm。

实验共有 62 名机械工程专业的硕士研究生参加,实验结束后收集到 42(7 人×6 组)个有效被试的数据,其中女性 15 人、男性 27 人,年龄分布在 22～26 周岁($M=$ 23.9,$SD=1.670$)。所有的被试视力或者矫正视力正常。决定被试是否为有效被试的三个必要条件包括:①被试在可视化设定时间 60 s 之内按照实验中的要求按下空格键,这证明被试完全理解了实验流程;②被试在可视化材料阅读完成后依照材料所展示的数据关系选择了单选题中的正确答案,这证明被试在可视化中投入了足够的注意力并理解了可视化内容;③眼动追踪数据的正确采样率在80%以上,这一点可以确保眼动数据达到足够的可信度。

7.3.1.2　实验材料

由于在之前关于视觉动量的论著中,都是采用不同的界面材料来说明视觉动量的多水平提升技术,没有数值上的可比较性。因此在本研究中,采用同一个数据集的可视化来对被试进行测试(注:该研究中的所有数据源取自世界银行开源数据集)。和图7-1所示的视觉动量提升技术相对应,本研究中设计了6个动态交互式可视化实验材料,将实验材料分配到6个平行测试小组进行被试间测试(如表7-1所示)。除掉过渡页面,实验中的动态可视化共包含3个可视化页面,如图7-2所示,各组实验材料之间的相同数据维度的视觉编码方式和数据基本图元关系都保持一致,各组材料间的差异在后面会详细列出。

表7-1　在6个平行测试小组中所用到的视觉动量提升技术概览

测试名称	全部替代(Total Replacement)	固定格式数据替代(Fixed Format Data Replacement)	长焦镜头(Long Shot)	感知地图(Perceptual Landmarks)	叠加(Overlap)	空间表征(Spatial Representation)
Exp 1-1	○	×	×	×	×	×
Exp 1-2	○	○	×	×	×	×
Exp 1-3	○	○	○	×	×	×
Exp 1-4	○	○	○	○	×	×
Exp 1-5	○	○	○	○	○	×
Exp 1-6	○	○	○	○	○	○

(注:○ 表示应用了该技术,× 表示没有应用该技术)

如图7-2所示,实验单元开始首先出现实验指导语,用户按下空格键展示画面进入IE浏览器并开始自动播放动态交互式可视化实验材料。在可视化最开始首先展示1 000 ms的"+"来消除视觉残留。接下来的可视化材料需要被试根据指导语提出的认知任务,通过鼠标动作来进行下一步的信息查询。当被试在第三个可视化页面中找到该认知任务的答案后,第一时间按下空格键来终止实验记录。接下来进入问题回答的单选题页面来验证被试是否有效感知可视化信息,实验单元的最后进入WP主观评价测试选择页面,用户根据刚才在实验中的感受来进行多维负荷量表评分。被试给任务中的每个维度进行0、1、2、3、4五个层级的赋值。0表示完全自动加工,4表示该任务需要该维度下最大程度的注意力投入。WP多维心理量表中参与考量的维度包括:视觉感知、空间进程、语音进程、视觉进程、听觉进程（包括默读）和手动输出。在正式实验阶段之前,设置一个训练测试单元。通过不同可视化实验材料的相同训练测试单元来让用户熟悉实验流程,训练测试单元的数据不计入统计。

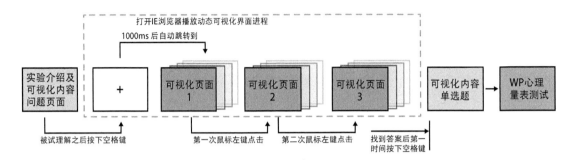

图 7-2　视觉动量系数提取实验单元的实验流程介绍

具体的动态交互式可视化材料情况如图 7-3 所示,可视化页面 1 中的内容为时序排列的全球能源消耗情况,包含了 1980 年到 2012 年的数据。可视化图形包含三种国家类型(发达国家、发展中国家、不发达国家)和两种能源消耗(新能源和化石能源)。整个可视化属于一种时序信息,其图元关系按照螺旋形排列。由于时序信息的信息价值随着时间轴的远离而减少,因此这种排布的好处是将早期的数据卷曲在内,而近年的数据则在水平位置展示,既做到整体数据的展示又对价值密度高的信息有着优异的展示效果,可以在一定程度上缓解页面局限性问题。

实验开始时,首先播放几段指导语,分别告诉被试实验流程、操作方法和需要认知的可视化问题。正式单元中的认知任务是要求被试比较 2007 年和 2010 年中国的新能源消耗情况。带着这个认知任务,被试的正确操作应当是首先点击"发展中国家"进入可视化页面 2,然后点击"中国"进入可视化页面 3(可视化页面内容见图 7-3)。可视化页面 3 中所展示的是中国的两种能源消耗情况,其信息编排机制和页面 1 相同,也是按照螺旋形时序排列(坐标单位有所差异)。当被试对 2007 年和 2010 年中国新能源消耗情况完成比较后,要求第一时间按下空格键以结束眼动和绩效信息采集。在实验用可视化素材播放之后,被试进入问题页面进行单选题测试,对可视化认知任务的问题进行选择,该选择结果作为合格被试的筛选条件之一。在实验单元的最后部分是 WP 心理量表测试。将每个心理维度都设置 0～4 五个选项,被试需要去选择合适的数字来表征在此维度中的心理资源占用比例。

实验原始数据是开源数据库获取的.xsl 数据,经过对原始数据的一系列聚类、筛选等数据处理后,依次运用 Adobe Illustrator、Adobe Flash、Adobe Dreamweaver 制作成可以在 IE 浏览器中交互操作的动态交互式可视化实验素材。将制作完成的素材导入Tobii Studio 软件中编写实验程序。

可视化页面1

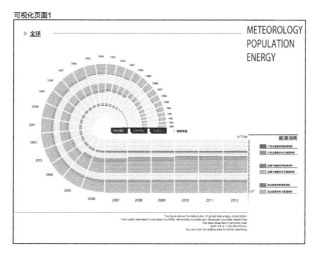

可视化页面2

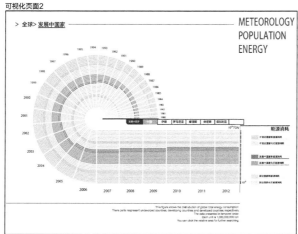

可视化页面3

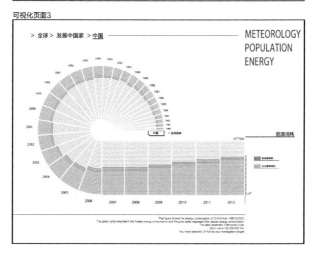

图7-3 系数提取实验中的可视化页面跳转示意图

(实验 Exp 1-4、Exp 1-5、Exp 1-6 中的实验材料的可视化界面和图 7-3 的视觉展示完全相同,实验 Exp 1-1、Exp 1-2、Exp 1-3 和该图类似,但略有不同)

实验中的 Exp 1-1 和 Exp 1-2 分别采用"全部替代"和"固定格式信息替代"的视觉动量技术。"全部替代"虽然没有采用具体的提升技术,但为了和其他的提升技术做比较,我们仍将它看作是一个最低的提升技术。为了和"固定格式信息替代"技术相区分又要保持基本的图元关系不变,在页面跳转到 2、3 页的时候,Exp 1-1 中的可视化主体的位置及相应的说明文字的位置产生偏移(如图 7-4 所示)。而在 Exp 1-2 的"固定格式信息替换"中这种偏移则被取消,那么在相继页面中相似视觉元素的位置被固定了下来,则在理论上被试应当更容易注意到变化区域,以此来提升视觉动量。

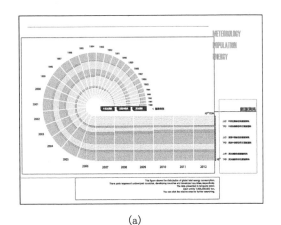
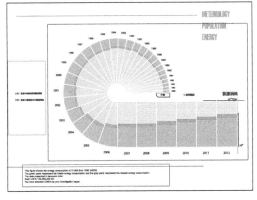

(a)　　　　　　　　　　　　　　　　　　(b)

图 7-4　Exp 1-1 中全部替代的前后页面视觉元素位置变化

(图中红色、绿色、蓝色方框标示出相似视觉元素的前后空间位移)

实验 Exp 1-3 中除了运用"固定格式数据替代"技术以外,在 3 个细节处运用了"长焦镜头"设计技术。首先,在左上角增加了一行文字来告诉被试信息关系"我在哪儿"的拓扑位置,此技术类似界面设计中常用的"面包屑技术"[121],是常用的"长焦镜头"设计技术表达方式。其次,在可视化主体的右侧增加了图例来对应主体可视化视觉组件,这也是一个典型的"长焦镜头"设计技术。除此之外,在可视化页面中增加了鼠标掠过动作的视觉映射,当鼠标经过特定年代所对应的区块的时候,年代文字相应地增大为"125%";而当鼠标移出该区域后恢复为原始大小。该效果在淡出的平面图示中很难感知到,但是在动态展示中则可以很好地帮助被试理解区块所代表的信息特征,可以说它是交互技术中的"长焦镜头"设计。图 7-5 展示了 Exp 1-3 中所运用的这三种"长焦镜头"设计技术。

在 Exp 1-4 的实验材料中,除了运用前面的提升技术外,采用了一个交互技术中的"感知地标"设计技术。当鼠标悬停在可视化页面 1 中特定国家类型相应的可视化区块中时,例如"发展中国家",则其他类型的视觉元素则自动将透明度降为原来的"30%"(图 7-6 所示)。该技术可以高亮展示当前兴趣区,将该视觉维度变为一个视觉锚点而和其他的维度相区分。这个技术和 Bennett 在描述"视觉锚点"中所引用的 PARTOR 界面的设计实例[218-219]类似。

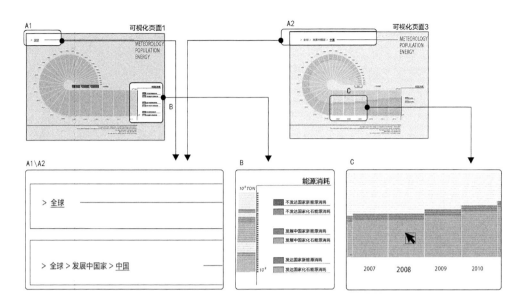

图 7-5　Exp 1-3 中采用的三种长焦镜头设计技术

（A1、A2 展示了表示"我在哪里"拓扑信息关系；B 表示了概览和主体中采用相同色彩编码的图例设计；C 表示了当鼠标划过时相应年代文字增大而鼠标移出后变为原始大小的鼠标交互动作）

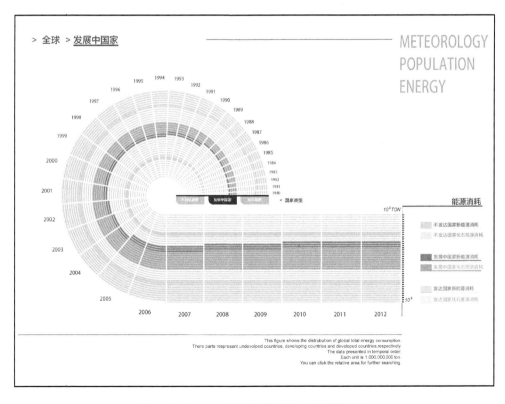

图 7-6　Exp 1-4 中采用的感知地标设计技术

（鼠标划过动作来高亮显示当前兴趣区及关联图例）

在 Exp 1-5 的实验素材中又增加了一项"叠加"设计技术。该技术也是通过一个鼠标交互动作来实现。当鼠标掠过相应区块的时候,在色块上叠加显示"新能源"或者"化石能源"的文字信息。这样被试就无须扫视到右侧图例即可知道当前区块的表征内容(如图 7-7 所示),并以此来提升可视化界面的视觉动量。

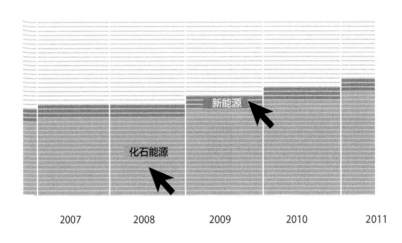

图 7-7　Exp 1-5 中的叠加设计技术

(当鼠标悬停在相应可视化区块时增加文字线索)

在 Exp 1-6 的实验材料中依照时序建立了一个"空间地图",当用户点击"中国"按钮时,产生一个可视化区块(世界能源消耗)沿着时间消失的动画动作,随即跟随一个可视化区块(中国能源消耗)沿着时间生长出来的动画动作。图 7-8 展示了这个动画中的若干帧。这个连续的动画可以给被试一个空间引导,就像一个历史的快速回溯,和我们心理上对于时间的感知一致。基于此,被试可以获取一个自动的心理进程来理解这些可视化信息是按照时序排布的,以此来提升界面的视觉动量。

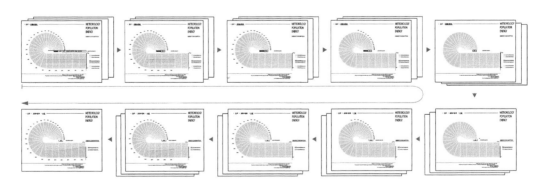

图 7-8　Exp 1-6 中的空间结构表征设计技术

(当被试点击"中国"按钮时的鼠标动作:可视化区块(世界能源消耗)沿着时间消失的动画动作,随即跟随一个可视化区块(中国能源消耗)沿着时间生长出来的动画动作。该图展示了这个动画中的若干帧)

7.3.1.3 实验结果与分析

在正式实验单元中,反应时数据和眼动追踪数据从可视化界面开始播放时开始记录,到用户正确按下键盘上空格键结束记录。以设定时间内有效按键、可视化认知问题选择正确和眼动数据采样率高于 80% 三个必要条件来筛选有效被试。实验后 6 个平行小组每组获得有效被试 7 名,共计 42 名。分别按照公式(7-2)、(7-3)、(7-4)计算出各被试的 T、N、D 眼动因子,并利用反应时按照公式(7-5)和(7-6)计算出各被试的 Predict-VM 值,再根据该估计值代入回归方程(7-1),得到各回归系数:

$$VM = -0.012T + 0.048D - 0.014N + 1.219 \tag{7-7}$$

实验一中所有被试的处理后数据见附录表 B-1,回归模型的整体评价见表 7-2。可以看到,用 T、D、N 三个眼动因子所预测的 Predict-VM 的回归模型具有高达 92.5% 的解释比率,具有显著性。而德宾-沃森统计量为 2.451,和 2 比较接近,说明残差彼此之间没有明显的相关性。

表 7-2 自变量为 **Predict-VM** 的三因子回归模型汇总

模型	R	R^2	调整后 R^2	标准误差	更改统计					德宾-沃森
					R^2变化量	F变化量	$df1$	$df2$	显著性 F 变化量	
1	.965	.931	.925	.052 503 2	.931	170.173	3	38	.000	2.451

因子 T、D、N 的显著性分别为($sig.=0.000<0.01$, $sig.=0.013<0.05$, $sig.=0.000<0.01$),分别达到 0.01、0.05 和 0.01 水平上的显著性,具有统计学意义。在多元共线性检测上,因子 T、D、N 的容忍值和 VIF 值的情况分别为 T(Tolerance $=0.259$, $VIF=3.856<5$)、D(Tolerance $=0.136$, $VIF=7.340<10$)、N(Tolerance $=0.198$, $VIF=5.053<10$),可以看出 3 个因子虽具有一定的共线性,但仍在可接受范围内。而整体回归模型的共线性检验值为 Elgenvalue $=0.10$,Condition Index $=19.687<30$,表明共线性问题缓和[223]。6 个实验小组的数据情况如表 7-3 所示。

表 7-3 实验一中各因子的均值与方差值汇总表

	RT(单位:mm)		T		N		D		VM	
	Mean	SD	Mean	SD	Mean	SD	Mean	SD	Mean	SD
Exp 1-1	35 154	11 594	40.19	19.35	31.86	8.83	4.03	1.43	0.48	0.27
Exp 1-2	33 283	11 471	40.56	13.44	29.33	8.06	3.83	1.38	0.51	0.21
Exp 1-3	26 572	4 498	29.22	5.64	25.81	6.75	3.14	1.07	0.66	0.11

（续表）

	RT（单位：mm）		T		N		D		VM	
	Mean	SD	Mean	SD	Mean	SD	Mean	SD	Mean	SD
Exp 1-4	26 235	9 698	28.92	10.06	22.81	9.74	2.78	1.23	0.69	0.20
Exp 1-5	25 054	7 258	28.81	8.75	20.57	7.24	2.46	0.93	0.70	0.15
Exp 1-6	25 489	2 768	28.13	3.43	21.29	3.55	2.67	0.41	0.71	0.05

（注：除反应时 RT 单位为 mm 外，其他各因子均为无量纲值）

在各因子之间数据相关性的统计中，可以看到 VM 值和反应时 RT 之间（Pearson Correlation＝－0.965）达到 0.01 水平上的显著相关性，而被试采用 WP 量表所得的主观评价分数和 RT、T、N、D、VM 之间的相关系数分别为 0.091、0.097、0.046、0.028、－0.092，均无统计学上的相关性。

将 6 个实验组反应时 RT，3 个眼动因子 T、N、D 和回归模型所计算出的 VM 值的均值放在一张图中展示，如图 7-9 所示。可以看到，随着 RT、T、N、D 的逐层减少，VM 值呈递增的趋势，但这些变化中有一些波动出现。可以认为造成波动的原因来自被试和实验素材两个方面。首先是被试数目较少，因此个别出现极端值的被试对均值影响较大。另外一个原因是 6 组实验素材由于要控制图元关系和视觉编码方式都同一，因此相邻组之间差异幅度较小。基于此，将相邻组合并，将 Exp 1-1 和 Exp 1-2 的

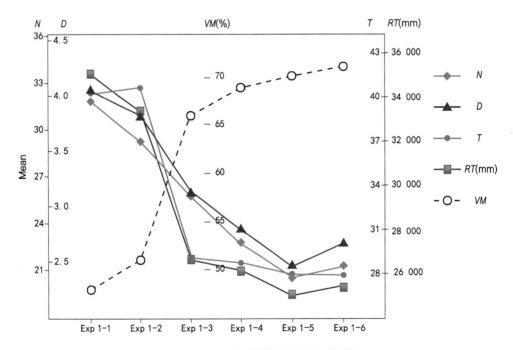

图 7-9　各实验组统计结果均值对比图

数据合并为低视觉动量组,将 Exp 1-3 和 Exp 1-4 的数据合并为中视觉动量组,将 Exp 1-5 和 Exp 1-6 的数据合并为高视觉动量组。则在高、中、低三组间运用 ANOVA 比较 RT、T、N、D 和 VM 的分布,分别为 $RT(F(2,39)=4.882, p=0.013<0.05)$、$T(F(2,39)=5.265, p=0.009<0.01)$、$N(F(2,39)=6.172, p=0.005<0.01)$、$D(F(2,39)=5.719, p=0.007<0.01)$ 和 $VM(F(2,39)=4.649, p=0.005<0.01)$,均达到统计学上的显著性差异。因此从数据的 ANOVA 分析结果可以得出结论,实验材料的设计基本符合视觉动量提升技术的定性研究描述。

从图 7-9 中可以看到在 Exp 1-2 和 Exp 1-3 之间所有的指标都发生了比较明显的变化,绩效明显提高,相应的视觉动量也呈现明显上升趋势。该结果意味着 Exp 1-3 中的视觉动量提升技术"长焦镜头"具有很强的效力。"长焦镜头"是多页面的动态交互可视化中常用的技术手段,它对于减少被试的"迷失"和"锁眼"效果,了解当前页面和前后页面之间的关系具有很强的作用。这和我们在工作中的心理感受相符,当增加了低水平拓扑关系视觉映射索引后,更容易感知到多页面之间的关系。

7.3.2 视觉动量回归模型验证实验

7.3.2.1 实验流程与材料

为了考查该方法的普适性,设计了验证实验来验证该回归模型。实验的实验设备与场所、有效被试筛选方法均与系数提取实验相同。验证实验共获得有效被试 43 名,其中有 17 名女性,所有被试均为机械工程专业研究生,年龄范围在 22~26 周岁(M=23.7,SD=1.264)。要求被试视力或者矫正视力正常。

验证实验的实验流程与系数提取实验相同,在正式实验单元前有一个训练单元。实验素材同样是综合运用前面提出的理论和方法制作出的一个动态可视化材料,是全球气候、能源和人口情况的数据,该数据集同样来源于世界银行开源数据库,素材制作方法和前一个实验相同。在实验流程的指导语中给出的可视化任务是判定中国平均能源消耗和 CO_2 排放之间的相关关系是否是正相关。实验材料如图 7-10 所示。用户的正确操作应当是点击"CHINA"之后进入下一个页面,再点击"平均能源消耗"和"CO_2 排放"之间的连线进入第三个页面,可以看到这两个时序数据之间的波动趋势关联。可视化素材的设计中对一些视觉元件增加一些代码来实现鼠标动作。

在图 7-10 中可以看到,上面三幅图为随点击动作依次出现的可视化页面,下面三幅图是每一页面中"鼠标悬停"产生的可视化动态效果。其中第一幅画面鼠标放置于"CHINA"上时,背后的整个白色圆圈突出显示,与背景之间产生阴影提示其可点击。第二幅画面当鼠标放置于两个节点之间的连线处时,其他所有连线做透明度降低处理,暗示可点击该连线进行下一步查询。在第三幅画面上鼠标经过相应区域时,有白色线条提示并显示该位置的量值。这些动态动作是依照前面所提出的交互设计原则来设计的,利用动态的视觉效果来提示信息和层级的关联性。从试验进程和结果来看,这些可视化动态动作能起到设计之初的提示作用,可以无须主试参与通过视觉线索来引导被试的查阅行为。

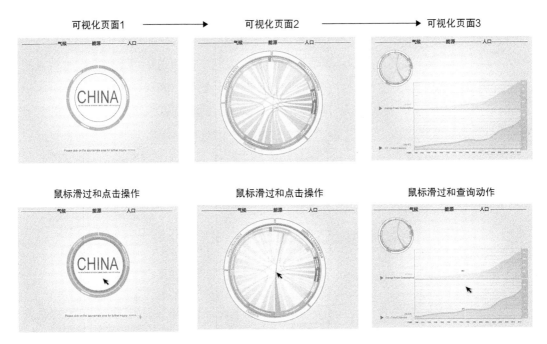

图 7-10　验证实验中可视化材料及鼠标动作

7.3.2.2　实验结果与分析

实验结束后共采集到 43 名有效被试的数据,利用公式(7-2)、(7-3)、(7-4)计算出各被试的 T、N、D 值,再将其代入公式(7-7)计算出各被试的 VM 值,所有被试处理后实验结果见附录表 B-2。最终得到的 VM 值为 $M=63.35\%$,$SD=0.17$。和系数提取实验相比较大约在 Exp 1-2 到 Exp 1-3 的取值之间。验证实验中的可视化材料添加了一些鼠标动作,辅助被试更好地理解可视化内容。但是它没有添加必要的"长焦镜头"视觉映射,被试还是会产生一些迷失感,因此其 VM 值落在 Exp 1-2 和 Exp 1-3 之间是符合设计初衷的。

将验证实验中各眼动因子 N、D、T 和反应时绩效数据 RT 以及计算出的视觉动量 VM 之间进行相关性分析,结果如表 7-4 所示。可以看出在计算中不涉及 RT 值的 VM 和 RT 数据之间的 Pearson Correlation$=-0.932$,$sig=0.000$,在 0.01 级别上显著相关,且相关系数的绝对值高于各眼动因子 $N(0.753)$、$D(0.777)$、$T(0.931)$ 和 RT

之间的相关性,可以说该复合因子和反应时之间具有更高的相关性。

表 7-4　验证实验中各因子相关性 Pearson 系数列表

		RT	N	D	T	VM
Pearson Correlation	RT	1	.753**	.777**	.931**	−.932**
	N	.753**	1	.766**	.602**	−.783**
	D	.777**	.766**	1	.697**	−.654**
	T	.931**	.602**	.697**	1	−.940**
	VM	−.932**	−.783**	−.654**	−.940**	1

(注:＊＊.在 0.01 级别(双尾),相关性显著)

7.4　视觉动量评价方法分析

7.4.1　评价方法的可行性分析

系数提取实验中,各测试小组的实验材料依次按照 Woods 提出的视觉动量提升技术来设计,从视觉动量 VM 值的计算结果来看,其递增趋势符合之前的定性研究结果。该研究可以看作视觉动量研究的一个量化研究证据。视觉动量所考查的重点不是静态页面下的设计,而是页面切换过程中页面之间的知识连贯性。由于大数据高维多元的特点,其可视化必然是多页面的交互式展示方式。而被试在多页面之间切换时,视觉动量作为页面对知识集成的支持度,可以用来评价交互式可视化设计。

工作记忆是复杂信息临时存储和信息控制的基础,它的容量在理解大数据可视化这种比较复杂的认知任务中则非常有限。视觉动量高的可视化前后页面的关联度高,则图式的匹配度高,那么对工作记忆存储要求降低,被试则可以分配更多的工作记忆资源来处理主任务进程,因此整体的认知绩效得到提高。因此,可以控制实验中认知任务的设置,利用绩效数据来帮助确定视觉动量回归模型的各参数。

为了能得到量化的认知绩效数据,在本研究中采用正确反应下的反应时数据来表征认知绩效。从验证实验中视觉动量 VM 和 RT 的相关性系数绝对值大于 T、N、D 和 RT 之间的相关性绝对值可以看出,作为复合眼动指标的 VM 比单一眼动数据对于交互式可视化认知任务中精神负荷的表征更为贴合。

动态交互式的数据可视化其认知过程往往时间不长,在本研究的实验中平均反应时间不长:系数提取实验 RT 为($Mean = 28.4$ s,$SD = 10.0$ s)、验证实验 RT 为

$(Mean = 27.5 \text{ s}, SD = 7.7 \text{ s})$，因此可以说在此实验过程中疲劳度对实验结果的影响可以忽略。

在很多研究中都表明瞳孔直径和被试警觉度高度相关[223-224]，可以用来表征即时的认知负荷。但是，这些研究都是采用被试内测试，比较不同任务水平下的同一被试或者被试组的前后瞳孔直径均值差。在该实验中所采用的是被试间设计，由于被试生理构造的差异，单纯的比较不同被试组之间的平均瞳孔直径是没有意义的。试图提取任务过程中的最大瞳孔直径和最小瞳孔直径之间的比值来作为一个指标，但数据分析结果表明该数值和其他同时性眼动数据以及任务绩效数据之间都毫无相关性，因此本研究没有将瞳孔直径纳入眼动指标。在实验中还尝试导入其他一些常用的眼动指标，例如长时凝视点（>500 ms）数目和扫视数目，但数据分析结果表明它们和绩效数据之间的相关性都远小于目前选择的三个眼动参数，因此最终在视觉动量的回归模型中仍采用前文所述的三个眼动因子。

7.4.2　评价方法的优势

（1）高敏感度

可以说，主观量表和绩效测评都不适用于大数据可视化的设计评价。从数据分析中可以看到，WP 量表所反映出的结果和绩效以及眼动数据之间均无关联性，可能的解释是这类心理量表对于区分度较大、持续时间较长的认知任务测量时有效，但是对于内容相同、表征类似的交互式可视化不敏感。从数据中可以看到，同一个任务的同一个维度的评分中，不同被试间的差异非常大。基于该实验的结果，可以认为当采用多被试进行组间测试时，心理量表的主观性导致的被试间差异掩盖了组间的差异，因此可以说主观量表评价的方法不适合用来评价动态可视化页面过渡的微妙差异。而绩效测评过于笼统，在大数据可视化的评价上也可以说不够敏感。例如，当用户观察和使用不同的可视化材料时，他们往往会投入更大的精力来补偿不良可视化设计所引起的认知负荷的增加，从而在反应时和精确度的测量上保持和优良设计的可视化相同的结果。而这种认知负荷的微妙变化可以在眼动数据中很好地体现出差异，因此基于眼动数据的视觉动量检测结果更具敏感性。

（2）易理解性

验证实验的结果表明，视觉动量 VM 的预测值很容易落在[0,1]的区间内（所有 43 名有效被试）。因此，可以用百分比的形式来表征一个既定交互式可视化界面的视觉动量值，这样会非常直观且容易比较。这对于理解和应用视觉动量的评价方法有帮助。

（3）简便和非侵入性

随着眼动仪技术的发展，轻量便携且非接触式的眼动仪给眼动数据的采集带来了巨大的便捷性,而且眼动仪非接触式的设计可以将设备对被试的入侵性降到最低。近年来,在一些智能手机(如三星 Galaxy S 系列)和微型计算机(如戴尔 alienware 系列)中都已经开始配备内嵌的眼动仪。眼动仪在普通民用产品中的普及会进一步增强眼动数据采集的便捷性。基于此,采用眼动追踪数据为基础的视觉动量评价方法具备应用到一般工作环境进行测评的可行性。

7.4.3　评价方法的局限性

但是,也要看到该方法的局限性。尽管在数据归一化处理后,将可视化屏幕对焦距离纳入公式,去除不同可视化尺寸的扫视距离差异影响,可以进行不同可视化材料的比较。但是该可视化的大小范围仍然要控制在个人电脑显示屏的空间内,超大需要扭动头部来扫视的环形屏幕不在该研究范围内。由于头部运动和眼球运动的速度和方式都不同,因此带有头部运动的眼动参数之间的规律性也会随之变化。因此,大数据可视化的一种常见载体——大屏显示不在本研究讨论范围之内。另外,从一定数量的被试眼动数据所提取出的视觉动量模型受到所参与的被试数据的影响。因此,在研究过程中也采用不同的可视化材料、不同的被试进行数据采集。对数据集进行分析后发现,结果虽有差异,但各参数的差异不大。该研究采用包含复合生理数据的一个虚拟参数进行界面设计评价,经过实验证明采用该虚拟参数的研究方法是可行的,但还需要更多更加深入的研究来优化该虚拟参数。

经过前面的分析,可以得到如下的实验结论。经实验证明,视觉动量的提升设计技术对于降低即时认知负荷确实起到积极的作用。对于动态交互式可视化界面,传统的心理量表方法无法客观反映出使用者的实时精神努力状况。而绩效数据在获取的便捷性和可行性上都低于眼动追踪数据。基于多重眼动指标的视觉动量 VM 评价方法,兼具可靠性和便捷性,可以进行不同可视化界面的评价。其百分比的表征形式利于理解和比较。该方法具有推广到一般工作环境进行测量的可行性。

本章小结

如何客观地评价动态交互式的大数据可视化设计是本研究中的难点。在本章中结合前面章节关于大数据可视化表征方法和交互设计方法的研究,完成设计实例。针对大数据可视化中多页面信息呈现的知识连贯问题,导入视觉动量的概念,并以此为基础展开生理测评研究并论证其可行性,具体包括:

（1）综合运用第四、五、六章中视觉表征方法和交互设计的研究成果，从原始数据库开始，经过信息分层、图元关系架构和视觉维度编码，最终设计完成动态交互式可视化设计实例。该实例作为生理测评的实验素材。

（2）在前人关于视觉动量提升技术的定性研究基础上，结合眼动追踪数据提出视觉动量的量化表征模型。

（3）设计并实施眼动追踪实验，提取被试的眼动和绩效数据，进行视觉动量量化表征评价方法的实例验证总结。

第八章

总结与展望

8.1 总结

随着大数据时代的到来,可视化作为人和信息之间沟通的桥梁其重要性毋庸置疑。人们需要通过可视化来窥探出信息的规律性、特异性、关联性及发展趋势,从中挖掘信息价值从而对未来的决策做出有效的判断。大数据信息的非结构化特征、高维度特征、多节点特征等都为可视化的研究带来了巨大的挑战。

基于用户认知的大数据可视化呈现方法研究是以人的认知特征为出发点,结合大数据信息流规律以及可视化视觉编码理论而做出的对大数据可视化视觉表征及交互表征的方法研究,以实例的生理测评作为该方法的检验。大数据可视化最重要的特征是高维多元属性,最亟待解决的根本问题是空间局限性问题,而解决这一问题的最有效方法是动态交互式展示。人在整个大数据可视化中的作用是不可忽视的,人对信息的有效感知是大数据可视化的最终目的和根本宗旨。

本书研究的主要内容包括以下几点。

(1)梳理大数据信息特征,归纳出大数据的信息维度。对大数据可视化中最常见的节点链接图进行深入剖析,归纳出节点链接图的表征要素和感知要素。

(2)提出了大数据可视化认知任务下人机协同作业的复杂认知模型。该模型将大数据可视化信息流过程进行分层,阐述了从数据到视觉呈现最终得到人的知识的认知过程中的信息流动。

(3)分析了大数据可视化信息维度的视觉表征的结构特征。解释了视觉呈现维度和信息维度之间的关系,将信息编码基础的图元关系按照呈现坐标系维度进行分类。并且对于大数据可视化的载体可视化界面按照功能分区进行组件的分类,得到内容型组件、导航型组件和拓展型组件三种视觉元素类型。

(4)提出大数据可视化的交互设计原则。该原则的提出以人的认知为导向,在前人对信息交互设计研究的基础上,归纳出标准化和一致性、降低工作记忆负荷、提供及时有效反馈、构建心理表征地图和需要即呈现的专门针对大数据可视化的通用性交互设计原则。

(5) 提出了大数据可视化交互设计维度。结合信息维度表征的理论知识,在大量实例分析的基础上,总结出 7 个具有普遍意义的大数据可视化交互设计维度,分别为:观察视点、编码显示强度、视觉复杂度、图元关系序、信息排布序、保真度和生长度。

(6) 基于心理与行为实验结果提出了具体的大数据可视化交互表征策略。包括视觉锚点引导的页面连贯性表征策略、重要节点信息展示前的视觉间歇性表征策略以及时序信息的空间位置逻辑一致性表征策略。

(7) 提出基于视觉动量的大数据可视化生理评价方法。结合眼动追踪研究成果,导入视觉动量的概念,构建出基于多个同时性眼动生理指标的视觉动量虚拟指标来评价大数据可视化设计。

本书在研究过程中取得了一些创新性成果,包括:

(1) 提出大数据可视化中人—信息交互多水平结构模型,并以此模型为基础对大数据可视化的认知空间、交互空间、表征空间和信息空间进行深入探讨,提出了大数据可视化认知任务下人机协同作业的复杂认知模型,该成果可为大数据可视化设计提供理论指导。

(2) 从宏观视角的信息图元关系和微观视角的信息编码方法入手,提出大数据可视化单页面上的表征设计方法,该研究成果可为大数据可视化页面表征设计提供方法参考。

(3) 提出观察视点、编码显示强度、视觉复杂度、图元关系序、信息排布序、保真度和生长度 7 个可调节的大数据可视化交互维度,并提出了视觉锚点引导的页面连贯性、重要节点信息展示前的视觉间歇性以及时序信息的空间位置逻辑一致性三个大数据可视化动态表征策略。该研究成果可为大数据可视化的交互设计提供方法指导。

(4) 首次将视觉动量概念引入大数据可视化评价中,提出了综合多个眼动追踪数据的虚拟指标——视觉动量来量化评价多页面动态交互式可视化界面的生理评价方法,该方法具有高敏感度、易理解性和简便性等优势。

8.2 混合现实中的三维数据可视化

虚拟环境下进行节点链接数据可视化是本团队的后续研究方向。在该领域,国内外学者的研究方向主要包含在三维可视化中的视空间知觉、交互手势及空间导航、三维可视化焦点—环境感知特性、虚拟环境下任务协作分析等。

（1）三维可视化中的视空间知觉

深度知觉是指人对物体远近距离即深度的影响。运动物体的特性对视网膜的作用是产生运动知觉的线索。在深度线索与运动线索的研究中，Franck 等[225]通过实验得出使用深度和运动线索有利于空间和精确度的理解；Belcher 等[226]在 Franck 的研究基础上，研究发现增强现实信息显示对节点链接图的理解类似二维显示的 3D 界面并且增强现实界面与使用立体镜的类似 3D 屏幕显示系统效果类似；Ware 等[227]提出对于 3D 节点链接图，立体视差和运动深度提供最重要的深度线索；Kwon 等[228]在头戴式立体显示中研究了不同布局技术对信息可读性的影响；Kotlarek 等[229]提出网络节点链接数据的可视化和用户心理图谱之间的关联性。在视觉线索研究方面，Büschel 等[230]通过对可视化任务绩效的研究，发现在众多信息编码形式中形状编码是增强现实环境下最重要的编码形式。

（2）交互手势及空间导航

在混合现实下，手势是最为常用的自然交互方式。在手势交互方面，Huang 等[231]提出了适用于虚拟环境中节点链接数据分析任务的手势输入系统；Drogemuller 等[232]比较分析了虚拟环境下四种不同的空间导航方式的可用性；James 等[233]提出将个人增强现实交互与共享显示相结合用于网络导航，用来完成节点链接网络中路径追踪分析任务。

（3）三维可视化焦点—环境感知特性

可视化感知任务既需要对整体的态势概览也需要对焦点细节的查看，三维可视化也需要同时满足焦点—环境感知需求。Alper 等[234]提出将数据分析任务中需要获取的细节部分图形放大并投射到一个平面上，来帮助完成环境中的焦点感知。Sorger 等[235]提出了在虚拟环境中，针对大型网络节点数据的一种基于概览和细节多窗口的虚拟现实交互式可视化设计方法。

（4）虚拟环境下任务协作分析

三维可视化也同时支持协作式数据分析。Cordeil 等[236]测试了沉浸式环境 CAVE2 与头盔显示器两种可视化平台下，参与者对完成协作式数据分析任务能力的自我感知、使用的舒适度以及完成任务过程中的满意度及舒适感。Butscher 等[237]提出了一个协作分析工具——ART，使用交互式、三维平行坐标可视化在增强现实中可视化多维数据，来支持多维数据的协同分析。

除了节点链接网络分析，虚拟现实可视化也支持创造性设计思维的概念网络。Georgiev 等[238]提出了一个交互式系统，在虚拟现实环境中探索概念网络的结构及其与创意概念生成的联系。

大数据以超过预期的速度迅速进入我们生活的方方面面。我们可以在支付宝中快速查询到自己的年度消费状况,打开电视可以看到全国春运人口流动趋势,网页广告栏推送了基于消费历史的商品促销信息,这些都是大数据在背后的支撑。信息可视是人与信息沟通的桥梁,随着各种显示技术、交互技术的突破,在物联网时代会给大数据可视化的发展带来更多的契机。

附　录

表 B-1　视觉动量实验一的全部被试处理后实验结果概览

实验名称	被试名称	采样比率	反应时 RT(mm)	凝视数目因子 N	跳视幅度因子 D	凝视时间因子 T	长时凝视数目 >500 ms	瞳孔对比值 Max/Min	VM	主观评价
Exp 1-1	Sub01	0.95	31 604	47.895	6.884	55.465	9	1.541	0.602	6
Exp 1-1	Sub02	0.93	34 965	66.667	7.203	59.495	7	1.674	0.465	15
Exp 1-1	Sub03	0.81	23 496	35.802	2.906	42.101	8	1.573	0.734	13
Exp 1-1	Sub04	0.87	34 737	52.874	6.612	64.837	9	2.061	0.508	12
Exp 1-1	Sub05	0.97	26 105	36.598	4.917	47.229	10	1.661	0.708	7
Exp 1-1	Sub06	0.86	36 037	58.721	8.001	62.686	9	2.013	0.493	15
Exp 1-1	Sub07	0.95	59 136	69.474	9.837	130.215	34	1.452	0.040	12
Exp 1-2	Sub08	0.94	36 003	54.787	7.504	69.419	13	2.040	0.474	12
Exp 1-2	Sub09	0.96	22 781	36.458	4.102	37.404	6	1.440	0.766	12
Exp 1-2	Sub10	0.95	26 240	32.105	3.686	50.893	17	1.254	0.711	17
Exp 1-2	Sub11	0.86	26 835	40.116	5.037	53.051	9	2.194	0.646	6
Exp 1-2	Sub12	0.93	34 258	48.387	5.295	64.413	11	1.345	0.540	5
Exp 1-2	Sub13	0.83	29 761	55.422	9.225	90.766	18	1.830	0.353	10
Exp 1-2	Sub14	0.97	57 102	67.526	9.082	98.427	31	2.069	0.231	10
Exp 1-3	Sub15	0.91	28 061	46.154	6.203	49.919	9	1.465	0.643	9
Exp 1-3	Sub16	0.95	19 609	27.368	3.498	38.023	9	1.270	0.816	13
Exp 1-3	Sub17	0.82	29 099	52.439	5.111	53.810	9	1.664	0.574	6
Exp 1-3	Sub18	0.89	30 479	42.135	4.086	47.978	8	2.046	0.661	9
Exp 1-3	Sub19	0.95	22 438	31.579	4.405	42.223	8	1.272	0.770	6
Exp 1-3	Sub20	0.95	23 827	59.474	8.391	64.514	5	1.788	0.483	8
Exp 1-3	Sub21	0.92	24 492	35.870	4.427	40.209	7	1.820	0.750	9
Exp 1-4	Sub22	0.97	21 340	30.412	4.331	33.616	8	1.358	0.827	15
Exp 1-4	Sub23	0.91	28 051	36.264	4.562	51.213	13	1.560	0.685	7

（续表）

实验名称	被试名称	采样比率	反应时 RT（mm）	凝视数目因子 N	跳视幅度因子 D	凝视时间因子 T	长时凝视数目 >500 ms	瞳孔对比值 Max/Min	VM	主观评价
Exp 1-4	Sub24	0.94	38 062	57.447	7.451	65.387	12	2.025	0.482	10
Exp 1-4	Sub25	0.92	17 377	25.000	2.029	33.346	6	1.873	0.844	6
Exp 1-4	Sub26	0.85	12 681	18.824	2.129	25.929	11	2.568	0.917	12
Exp 1-4	Sub27	0.91	37 469	59.341	5.794	64.158	11	1.301	0.478	14
Exp 1-4	Sub28	0.93	28 669	32.258	5.293	55.778	14	1.622	0.685	15
Exp 1-5	Sub29	0.92	19 192	15.761	1.526	39.063	7	2.352	0.856	12
Exp 1-5	Sub30	0.87	32 681	39.655	4.693	67.908	19	1.706	0.564	13
Exp 1-5	Sub31	0.9	24 913	38.333	5.242	47.633	11	1.701	0.696	5
Exp 1-5	Sub32	0.8	25 250	45.625	5.021	47.418	9	2.069	0.648	16
Exp 1-5	Sub33	0.86	31 040	52.907	4.815	52.949	7	2.196	0.569	11
Exp 1-5	Sub34	0.96	12 286	18.750	2.298	23.067	7	1.255	0.952	5
Exp 1-5	Sub35	0.92	30 020	35.326	5.810	64.222	18	1.371	0.621	10
Exp 1-6	Sub36	0.97	20 365	23.711	3.045	38.934	15	1.353	0.829	16
Exp 1-6	Sub37	0.94	27 098	37.766	4.226	47.472	18	2.335	0.688	10
Exp 1-6	Sub38	0.82	26 925	43.902	4.573	41.677	6	1.304	0.700	7
Exp 1-6	Sub39	0.94	25 553	37.766	4.717	44.353	11	1.866	0.714	7
Exp 1-6	Sub40	0.96	24 140	36.979	4.309	48.881	13	1.601	0.693	13
Exp 1-6	Sub41	0.86	29 120	37.209	4.547	47.897	15	1.502	0.700	8
Exp 1-6	Sub42	0.86	25 224	30.233	5.738	56.958	17	1.484	0.694	11

表 B-2　视觉动量实验二的全部被试处理后实验结果概览

被试名称	反应时 RT（mm）	凝视数目因子 N	跳视幅度因子 D	凝视时间因子 T	VM
Subject01	15 617	13.000	1.683	21.175	0.864
Subject02	23 304	36.667	3.316	28.892	0.518
Subject03	24 823	24.333	3.491	28.860	0.700
Subject04	22 830	18.667	2.667	25.576	0.779
Subject05	21 878	18.333	2.970	20.172	0.863
Subject06	25 469	28.000	2.864	30.609	0.597
Subject07	33 404	22.333	4.213	43.925	0.581
Subject08	27 587	29.667	4.291	30.000	0.650
Subject09	21 988	20.667	3.065	26.871	0.754

（续表）

被试名称	反应时 RT（mm）	凝视数目因子 N	跳视幅度因子 D	凝视时间因子 T	VM
Subject10	25 203	21.667	3.239	31.205	0.697
Subject11	27 740	28.333	4.812	33.653	0.649
Subject12	25 933	23.667	3.515	31.769	0.675
Subject13	26 875	24.667	2.841	33.008	0.614
Subject14	26 505	20.667	3.005	33.115	0.677
Subject15	17 574	17.667	2.032	22.047	0.805
Subject16	21 402	22.000	3.053	22.511	0.787
Subject17	30 022	26.333	4.003	37.759	0.589
Subject18	21 590	23.667	1.824	26.988	0.651
Subject19	27 965	19.333	2.422	35.284	0.641
Subject20	25 187	26.667	3.753	29.981	0.666
Subject21	35 854	22.667	5.024	46.059	0.590
Subject22	37 464	34.667	4.688	46.245	0.404
Subject23	26 089	13.333	2.230	35.292	0.716
Subject24	17 612	19.333	2.586	22.172	0.806
Subject25	19 645	17.000	2.816	28.459	0.775
Subject26	25 375	17.667	3.448	40.331	0.653
Subject27	25 384	22.000	3.031	30.772	0.687
Subject28	21 749	19.333	2.943	26.913	0.767
Subject29	22 818	20.667	3.114	30.288	0.716
Subject30	16 800	14.667	2.752	26.085	0.833
Subject31	33 610	19.000	2.591	63.963	0.310
Subject32	47 857	35.000	6.145	68.811	0.198
Subject33	40 523	31.333	5.075	57.669	0.332
Subject34	29 439	28.000	4.088	39.832	0.545
Subject35	39 990	33.667	6.084	53.279	0.400
Subject36	37 482	31.667	5.703	51.025	0.437
Subject37	40 606	41.000	7.387	57.975	0.304
Subject38	17 011	15.333	3.155	25.949	0.844
Subject39	19 631	14.333	3.245	34.225	0.763

(续表)

被试名称	反应时 RT(mm)	凝视数目因子 N	跳视幅度因子 D	凝视时间因子 T	VM
Subject40	34 281	33.333	4.839	47.511	0.414
Subject41	38 774	29.000	4.484	59.105	0.319
Subject42	38 360	32.667	5.127	53.547	0.365
Subject43	24 628	24.667	6.426	34.265	0.771

表 B-3 本书中进行可视化归类分析时参考的部分在线可视化名称及网址

序号	可视化名称	URL 地址
1	100 Students start college. Who graduates?	http://www.washingtonpost.com/wp-srv/special/business/who-finishes-college/
2	2008 City Railway System	http://zeroperzero.com/2008/crc.html
3	Airbnb Locations	http://rachelbinx.com/Airbnb
4	Anemone	http://benfry.com/anemone/
5	Anthropocene	http://www.anthropocene.info/en/home
6	Archives & Manuscripts (NYPL Labs)	http://archives.nypl.org/terms
7	Arteries of the City	http://goo.gl/1IoyZo
8	Axis of Additives	http://graphics.wsj.com/food-additives-ingredients/
9	Basketball Talent	http://www.catalogtree.net/projects/Basketball+Talent
10	BeerViz	http://seekshreyas.github.io/beerviz/
11	Braindance	https://www.behance.net/gallery/21783743/braindance
12	Brave New World	https://www.behance.net/gallery/13610095/Brave-New-World
13	Chord Diagram	https://bl.ocks.org/mbostock/1046712
14	Chorus	https://goo.gl/lhcTe7
15	Citeology	http://www.autodeskresearch.com/projects/citeology
16	Clamping down on review fraud	http://keylines.com/network-visualization/clamping-down-on-review-fraud
17	Clog in the Pipes	http://bizweekgraphics.tumblr.com/image/48132944625
18	Cocovas	http://emislej.googlepages.com/cocovas
19	Code Galaxies	http://anvaka.github.io/pm/#/
20	Consumer Barometer	https://www.consumerbarometer.com/en/insights/?countryCode=GL
21	D3 Show Reel	http://vimeo.com/29862153
22	del.icio.us visualization	http://bit.ly/1C1pi3
23	Digital Humanities 2014	http://ics.epfl.ch/EDIC/down.asp?ID=1111&PID=1128

序号	可视化名称	URL 地址
24	Diseasome：Explore the human disease network	http：//diseasome.eu/
25	Dystopia & Utopia & Science Fiction	http：//www.dystopia-utopia.com
26	Experimental music notation	http：//llllllll.co/t/experimental-music-notation-resources/149/35
27	Flight Visualizations over 24hr Periods	http：//goo.gl/DQ8v3X
28	Forces of Modernism	http：//tinyurl.com/33ub8e
29	Foursquare Checkins Reveal Holiday Travel Patterns	http：//mashable.com/2011/11/23/foursquare-travel-checkins/
30	GED VIZ：Visualizing Global Economic Relations	http：//viz.ged-project.de/？lang＝en
31	Genetic Interaction Network of yeast Saccharomyces cerevisiae	http：//www.genetics.org/site/misc/130765.xhtml
32	Google Mappish Mondrian	http：//tinyurl.com/2j799x
33	Graphical visualization of text similarities	http：//tinyurl.com/qcdh4
34	GraphNews	http：//tinyurl.com/mfcse
35	Growth in civic tech	http：//fathom.info/civictech
36	Hierarchical Edge Bundles	http：//tinyurl.com/2obq6j
37	Hierarchical Edge Bundling	https：//bl.ocks.org/mbostock/7607999
38	Homological Scaffolds of brain functional networks	http：//rsif.royalsocietypublishing.org/content/11/101/20140873.abstract
39	Inside the $400-million political network backed by the Kochs	http：//goo.gl/KG2q19
40	Intelligent Life	http：//goo.gl/745JNL
41	Isoscope	http：//isoscope.martinvonlupin.de/
42	Karlsruhe Tariff Zones	http：//www.kvv.de/kvv/documentpool/tarifzonenplan.pdf
43	KeyLines	http：//keylines.com/network-visualization/methods-visualizing-dynamic-networks
44	Landscape Architect's Network Data is Dense，Interconnected	http：//goo.gl/7azVZ1
45	LaNet-vi	http：//xavier.informatics.indiana.edu/lanet-vi/
46	Linked Jazz	https：//linkedjazz.org/
47	Madrid Subway Complaints by Station	https：//congosto.cartodb.com/viz/e5da12e2-9fe7-11e4-bc43-0e853d047bba/public_map
48	Map of Institutional partners of RCA	http：//www.septemberindustry.co.uk/？p＝3117

序号	可视化名称	URL 地址
49	Mapping 31 days in Iraq	http：//tinyurl.com/3caxym
50	Mapping Scientific Paradigms	http：//wbpaley.com/brad/mapOfScience/index.html
51	Mapping Silicon Valley's Own Private Highway	http：//goo.gl/TFiirv
52	Mapping the Human 'Diseasome'	http：//tinyurl.com/4jqvty
53	Mapping Where People Run	http：//www.citylab.com/tech/2014/02/mapping-where-people-run/8313/
54	Marvel Uberframework	http：//goo.gl/go9b7v
55	mvblogosphere	http：//www.mvblogs.org/visual.php
56	NetGestalt：integrating multidimensional-omics data over biological networks	http：//www.nature.com/nmeth/journal/v10/n7/full/nmeth.2517.html
57	Network Visualizations	http：//www.davidstenner.com/network-visualizations.html
58	Neural Network Visualization in WebGL	http：//nxxcxx.github.io/Neural-Network/
59	Neurovis	http：//www.mitchcrowe.com/visualizing-neural-networks/
60	New Town Tracer	http：//lust.nl/mobile.php♯projects-5297
61	NJ Hotels Near NYC	http：//njhotelsnearnyc.com/
62	Nodes3D	http：//brainmaps.org/index.php？p＝desktop-apps-nodes3d
63	Obesity System Influence Diagram	http：//www.shiftn.com/obesity/Full-Map.html
64	Pen Plotter	http：//www.richardvijgen.nl/♯penplotter
65	Phone-Call Cartography	http：//goo.gl/ENHNvL
66	Porn Data：Visualizing Fetish Space	http：//goo.gl/5X1aTb
67	Prototouch	http：//www.wirmachenbunt.de/prototyping/prototouch
68	Radial Tidy Tree	https：//bl.ocks.org/mbostock/4063550
69	Random Walk	http：//www.random-walk.com/
70	Satellites network	http：//visualoop.com/blog/31641/this-is-visual-journalism-104
71	Similar Diversity	http：//similardiversity.net/
72	Sortuv SocialDNA	http：//www.sortuv.com
73	SpaTo Visual Explorer	http：//www.spato.net/
74	Stellar Navigation using Network Analysis	https：//goo.gl/yOsX7V
75	TextAtlas	http：//textatlas.tumblr.com/
76	The Bit Coin Big Bang	https：//www.elliptic.co/intelligence/

序号	可视化名称	URL 地址
77	The Clubs that Connect the World Cup	http：//goo.gl/ysd8gw
78	The Geography of Tweets	https：//blog.twitter.com/2013/geography-tweets-3
79	The illusion of diversity	https：//www.msu.edu/~howardp/softdrinks.html
80	The Interconnected Web of Tech Companies	http：//mashable.com/2011/07/19/tech-companies-infographic/
81	The Library Project	http：//www.spatialinformationdesignlab.org/projects/library-project
82	The Meteorite Hunt	http：//visualizing.org/visualizations/meteorite-hunt
83	The Money Go Round	https：//www.behance.net/gallery/15571481/WIRED-USA-The-Money-Go-Round
84	The Obsessively Detailed Map of American Literature's Most Epic Road Trips	http：//goo.gl/xnPjG4
85	The Patent Wars	https：//dribbble.com/shots/648104-The-Patent-Wars/attachments/55877
86	Track Tag Love	http：//vallandingham.me/msd/vis/
87	Translating worlds	https：//www.behance.net/gallery/28096955/Translating-worlds-Corriere-della-Sera-La-Lettura
88	Unchartered Cartography	http：//goo.gl/z5ms91
89	Universe of Emotions	http：//www.palaugea.com/palau-gea/universo-de-emociones-2/
90	Viral Texts	http：//viraltexts.org/
91	Visual Correlation for Situational Awareness	http：//www.sci.utah.edu/publications/yarden05/VisAware.pdf
92	Visual Medical Dictionary	http：//www.curehunter.com/public/dictionary.do
93	Visualizing Coral Bleaching	https：//www.behance.net/gallery/14159855/Visualizing-Coral-Bleaching-Report
94	Visualizing Neuroscience Publications Keyword Network	http：//goo.gl/FkvwqY
95	Visualizing Shipments from Coal Mines to US Power Plants	https：//goo.gl/1TTBZd
96	Visualizing the Networks of Bicycling Groups for，of，and by Women in Philadelphia and New York City	http：//goo.gl/VSyBJm
97	Vorograph	http：//researcher.ibm.com/researcher/view_group.php? id＝5992
98	Watson News Explorer	https：//developer.ibm.com/watson/blog/2015/07/20/presenting-watson-news-explorer/

（续表）

序号	可视化名称	URL 地址
99	Who's Connected to whom in Hadoop World	https://goo.gl/q3pxXT
100	Zeus's Affairs	http://visualizing.org/visualizations/zeuss-affairs

注：1. 该表中可视化名称按照首字母顺序排列，其网络发布年限为 2005—2017 年；

2. 部分实例为作者在国外学习期间参考，可能会出现国内 IP 无法链接的情况。

参 考 文 献

[1] Soyer E, Hogarth R M. The illusion of predictability: How regression statistics mislead experts[J]. International Journal of Forecasting, 2012, 28(3): 695-711.

[2] Ware C. Information visualization: perception for design [M]. [S.l.]: Elsevier, 2012.

[3] Card S K, Mackinlay J D, Shneiderman B. Readings in information visualization: using vision to think [M]. San Francisco: Morgan Kaufmann, 1999.

[4] Robertson G, Card S K, Mackinlay J D. The cognitive coprocessor architecture for interactive user interfaces: Proceedings of the 2nd annual ACM SIGGRAPH symposium on User interface software and technology-UIST '89, Williamsburg, Virginia, USA, November 13-15, 1989[C]. New York: ACM Press, 1989.

[5] Stasko J T. Animation in user interfaces: Principles and techniques [M]. New York: User Interface Software. John Wiley & Sons, Inc., 1993.

[6] Stasko J. Future research directions in human-computer interaction[J]. ACM Computing Surveys, 1996, 28(4es): 145.

[7] Hollan J D, Hutchins E L, McCandless T P, et al. Graphical Interfaces for Simulation [R]. San Diego: California Univ San Diego La Jolla Inst for Cognitive Science, 1986.

[8] Hutchins E L, Hollan J D, Norman D A. Direct manipulation interfaces[J]. Human-Computer Interaction, 1985, 1(4): 311-338.

[9] Hutchins E L. Cognition in the wild[M]. Cambridg: The MIT Press, 1995.

[10] Furnas G W, Bederson B B. Space-scale diagrams: Understanding multiscale interfaces[C]//Proceedings of the SIGCHI conference on Human factors in computing systems-CHI '95. May 7-11, 1995. Denver, Colorado, USA. New York: ACM Press, 1995: 234-241.

［11］ Hao M C, Dayal U, Sharma R K, et al. Visual analytics of large multidimensional data using variable binned scatter plots［C］// Proceedings of SPIE 7530, Visualization and Data Analysis 2010, 2010, 7530: 753006.

［12］ Trutschl M, Grinstein G, Cvek U. Intelligently resolving point occlusion［C］// IEEE Symposium on Information Visualization 2003 (IEEE Cat. No. 03TH8714). October 19-21, 2003, Seattle, WA, USA. IEEE, 2003: 131-136.

［13］ Keim D A, Hao M C, Dayal U, et al. Generalized scatter plots［J］. Information Visualization, 2010, 9(4): 301-311.

［14］ Peng W, Ward M O, Rundensteiner E A. Clutter reduction in multi-dimensional data visualization using dimension reordering［C］//IEEE Symposium on Information Visualization. October 10-12, 2004, Austin, TX, USA. IEEE, 2004: 89-96.

［15］ Unwin A, Theus M, Hofmann H. Graphics of large datasets: visualizing a million［M］. ［S.l.］: Springer Science & Business Media, 2006.

［16］ Ahlberg C, Shneiderman B. Visual information seeking: Tight coupling of dynamic query filters with starfield displays［C］//Proceedings of the SIGCHI conference on Human factors in computing systems celebrating interdependence-CHI '94. April 24-28, 1994. Boston, Massachusetts, USA. New York: ACM Press, 1994: 313-317.

［17］ Das Sarma A, Lee H, Gonzalez H, et al. Efficient spatial sampling of large geographical tables［C］//Proceedings of the 2012 international conference on Management of Data-SIGMOD '12. May 20-24, 2012. Scottsdale, Arizona, USA. New York: ACM Press, 2012: 193-204.

［18］ Kairam S, MacLean D, Savva M, et al. GraphPrism: compact visualization of network structure［C］//Proceedings of the International Working Conference on Advanced Visual Interfaces-AVI '12. May 21-25, 2012. Capri Island, Italy. New York: ACM Press, 2012: 498-505.

［19］ 黄凯奇,谭铁牛.视觉认知计算模型综述［J］.模式识别与人工智能,2013,26(10): 951-958.

［20］ Nee D E, Jonides J. Trisecting representational states in short-term memory［J］. Frontiers in Human Neuroscience, 2013, 7: 796.

［21］ MacIntyre T E, Moran A P, Collet C, et al. An emerging paradigm: A strength-based approach to exploring mental imagery［J］. Frontiers in Human Neuroscience, 2013, 7: 104. DOI:10.3389/fnhum.2013.00104.

[22] Ward J. Synesthesia[J]. Annual Review of Psychology，2013，64(1)：49-75.

[23] Cosmides L，Tooby J. Evolutionary psychology：New perspectives on cognition and motivation[J]. Annual Review of Psychology，2013，64(1)：201-229.

[24] Cheung O S，Bar M. Visual prediction and perceptual expertise[J]. International Journal of Psychophysiology，2012，83(2)：156-163.

[25] Lohse G L. The role of working memory on graphical information processing[J]. Behaviour & Information Technology，1997，16(6)：297-308.

[26] 陈默,薛澄岐,王海燕,等.虚拟产品的可用性评价分析[J].工业工程与管理,2014，19(3)：135-140.

[27] 程时伟,孙守迁.基于分布式认知的人机交互资源模型[J].计算机集成制造系统，2008，14(9)：1683-1689.

[28] Doherty V，Croft D，Knight A. Environmental information for military planning [J]. Applied Ergonomics，2013，44(4)：595-602.

[29] Bailey B P，Busbey C W，Iqbal S T. TAPRAV：An interactive analysis tool for exploring workload aligned to models of task execution[J]. Interacting with Computers，2007，19(3)：314-329.

[30] Wu C X，Liu Y L. Development and evaluation of an ergonomic software package for predicting multiple-task human performance and mental workload in human-machine interface design and evaluation[J]. Computers & Industrial Engineering，2009，56(1)：323-333.

[31] Sandi C. Stress and cognition[J]. Wiley Interdisciplinary Reviews：Cognitive Science，2013，4(3)：245-261.

[32] Endsley M R. Toward a theory of situation awareness in dynamic systems[J]. Human Factors，1995，37(1)：32-64.

[33] 王新鹏.认知模型研究综述[J].计算机工程与设计,2007，28(16)：4009-4011.

[34] Rosenbloom P S. Rethinking cognitive architecture via graphical models[J]. Cognitive Systems Research，2011，12(2)：198-209.

[35] Morita J，Miwa K，Maehigashi A，et al. Modeling Human-Automation Interaction in a Unified Cognitive Architecture：20th Behavior Representation in Modeling & Simulation(BRIMS) Conference 2011-Sundance，Utah,2011[C].[S. l.：s.n.],2011.

[36] Derbinsky N，Laird J E. Effective and Efficient Management of Soar's Working Memory via Base-Level Activation[J]. Advances in Cognitive Systems：Papers from the 2011 AAAI Fall Symposium，2011：82-89.

［37］McDougall S J P，Curry M B，Bruijn O. Measuring symbol and icon characteristics：Norms for concreteness，complexity，meaningfulness，familiarity，and semantic distance for 239 symbols［J］. Behavior Research Methods，Instruments，& Computers，1999，31(3)：487-519.

［38］Klinger A，Salingaros N A. A pattern measure[J]. Environment and Planning B：Planning and Design，2000，27(4)：537-547.

［39］Rigau J，Feixas M，Sbert M. An information-theoretic framework for image complexity：Proceedings of the First Eurographics conference on Computational Aesthetics in Graphics，Visualization and Imaging，Girona，Spain，May 18-20，2005[C]. Goslar：Eurographics Association,2005:177-184.

［40］Ahlstrom U，Friedman-Berg F J. Using eye movement activity as a correlate of cognitive workload[J]. International Journal of Industrial Ergonomics，2006，36(7)：623-636.

［41］Liu H C，Lai M L，Chuang H H. Using eye-tracking technology to investigate the redundant effect of multimedia web pages on viewers' cognitive processes [J]. Computers in Human Behavior，2011，27(6)：2410-2417.

［42］Paas F G W C，Merriënboer J J G. Instructional control of cognitive load in the training of complex cognitive tasks[J]. Educational Psychology Review，1994，6(4)：351-371.

［43］Reid G B，Nygren T E. The subjective workload assessment technique：A scaling procedure for measuring mental workload[J]. 1988，52：185-218.

［44］Hart S G，Staveland L E. Development of NASA-TLX (task load index)：Results of empirical and theoretical research[J]. 1988，52：139-183.

［45］Tsang P S，Velazquez V L. Diagnosticity and multidimensional subjective workload ratings[J]. Ergonomics，1996，39(3)：358-381.

［46］裴剑涛,何存道.驾驶员的动态反应时研究[J].心理科学,1993,16(5)：265-269.

［47］Colonius H，Diederich A. Multisensory interaction in saccadic reaction time：A time-window-of-integration model[J]. Journal of Cognitive Neuroscience，2004，16(6)：1000-1009.

［48］Buscher G，Cutrell E，Morris M R. What do You see when you're surfing? Using eye tracking to predict salient regions of web pages：Proceedings of the 27th International Conference on Human Factors in Computing Systems，Boston，MA，USA，April 4-9，2009 [C]. New York：Association for Computing Machinery,2009.

［49］Buscher G，Dumais S，Cutrell E. The good，the bad，and the random：An eye-tracking study of ad quality in web search：Proceeding of the 33rd International ACM SIGIR Conference on Research and Development in Information Retrieval，SIGIR 2010，Geneva，Switzerland，July 19－23，2010［C］. New York：Association for Computing Machinery，2010.

［50］Palanica A，Itier R J. Searching for a perceived gaze direction using eye tracking［J］. Journal of Vision，2011，11(2)：19.

［51］李金波，许百华.人机交互过程中认知负荷的综合测评方法［J］.心理学报，2009，41(1)：35-43.

［52］康卫勇，袁修干，柳忠起，等.飞机座舱视觉显示界面脑力负荷综合评价方法［J］.航天医学与医学工程，2008，21(2)：103-107.

［53］Elmqvist N，Moere A V，Jetter H C，et al. Fluid interaction for information visualization［J］. Information Visualization，2011，10(4)：327-340.

［54］Michael J Albers. Contextual awareness as measure of human-information interaction in usability and design：Proceedings of HCI international conference 2011，Orlando，FL，USA，July 9-14，2011,［C］.HCI,2011.

［55］Lai W，Huang X D，Nguyen Q V，et al. Applying graph layout techniques to web information visualization and navigation［C］//Computer Graphics，Imaging and Visualisation（CGIV 2007）. August 14－17，2007，Bangkok，Thailand. IEEE，2007：447-453.

［56］Wang X J，Zhang L，Jing F，et al. AnnoSearch：image auto-annotation by search［C］//2006 IEEE Computer Society Conference on Computer Vision and Pattern Recognition（CVPR'06）. June 17－22，2006，New York，NY，USA. IEEE，2006：1483-1490.

［57］Castellano G，Cimino M G C A，Fanelli A M，et al. A multi-agent system for enabling collaborative situation awareness via position-based stigmergy and neuro-fuzzy learning［J］. Neurocomputing，2014，135：86-97.

［58］Yim H B，Lee S M，Seong P H. A development of a quantitative situation awareness measurement tool：Computational Representation of Situation Awareness with Graphical Expressions（CoRSAGE）［J］. Annals of Nuclear Energy，2014，65：144-157.

［59］Card S K，Nation D. Degree-of-Interest Trees：A Component of an Attention-Reactive User Interface［EB/OL］.（2007－07－25）. https：//courses. ischool. berkeley.edu/i247/f05/readings/Card_DOITrees_AVI02.pdf.

［60］ Wu L H, Hsu P Y. An interactive and flexible information visualization method [J]. Information Sciences, 2013, 221: 306-315.

［61］ Luokkala P, Virrantaus K. Developing information systems to support situational awareness and interaction in time-pressuring crisis situations[J]. Safety Science, 2014, 63: 191-203.

［62］ Ramakrisnan P, Jaafar A, Razak F H A, et al. Evaluation of user interface design for leaning management system (LMS): Investigating student's eye tracking pattern and experiences[J]. Procedia-Social and Behavioral Sciences, 2012, 67: 527-537.

［63］ Serrano M Á, Krioukov D, Boguñá M. Self-similarity of complex networks and hidden metric spaces[J]. Physical Review Letters, 2008, 100(7): 701-705.

［64］ 维克托·迈尔-舍恩伯格,肯尼思·库克耶.大数据时代[M].杭州:浙江人民出版社,2013.

［65］ Fairfield J, Shtein H. Big data, big problems: Emerging issues in the ethics of data science and journalism[J]. Journal of Mass Media Ethics, 2014, 29(1): 38-51.

［66］ Rakthanmanon T, Campana B, Mueen A, et al. Addressing big data time series: Mining trillions of time series subsequences under dynamic time warping [J]. ACM Transactions on Knowledge Discovery From Data, 2013, 7(3): 10.

［67］ Hofstee H P, Chen G C, Gebara F H, et al. Understanding system design for Big Data workloads[J]. IBM Journal of Research and Development, 2013, 57(3/4): 3:1-3:10.

［68］ Reda K, Febretti A, Knoll A, et al. Visualizing large, heterogeneous data in hybrid-reality environments[J]. IEEE Computer Graphics and Applications, 2013, 33(4): 38-48.

［69］ Cheshire J, Batty M. Visualisation tools for understanding big data [J]. Environment and Planning B: Planning and Design, 2012, 39(3): 413-415.

［70］ Basole R C, Clear T, Hu M D, et al. Understanding interfirm relationships in business ecosystems with interactive visualization[J]. IEEE Transactions on Visualization and Computer Graphics, 2013, 19(12): 2526-2535.

［71］ Mueller C, Martin B, Lumsdaine A. A comparison of vertex ordering algorithms for large graph visualization: 2007 6th International Asia-Pacific Symposium on Visualization, Sydney, NSW, Australia, February 5-7,2007[C]. IEEE,2007: 141-148.

［72］ Glatz E，Mavromatidis S，Ager B，et al. Visualizing big network traffic data using frequent pattern mining and hypergraphs[J]. Computing，2014，96(1)：27-38.

［73］ 申斯.大数据现象对官方统计的影响[J].统计与决策,2013(18)：189.

［74］ Keim D，Qu H M，Ma K L. Big-data visualization[J]. IEEE Computer Graphics and Applications，2013，33(4)：20-21.

［75］ Shedroff N. Information interaction design：A unified field theory of design[M]. San Francisco：Vivid Studios，Inc.,1999.

［76］ 薛一波.大数据的前世、今生和未来[J].中兴通讯技术,2014,20(3)：41-43.

［77］ 陈为,沈则潜,陶煜波,等.数据可视化[M].北京:电子工业出版社,2013.

［78］ Wong P C，Bergeron R D. A multidimensional multivariate image evaluation tool［M］//Perceptual Issues in Visualization. Berlin，Heidelberg：Springer Berlin Heidelberg，1995：95-108.

［79］ Hoffman P E，Grinstein G G. A survey of visualizations for high-dimensional data mining［M］// Information visualization in data mining and knowledge discovery. San Francisco：Morgan Kaufmann Publishers Inc.,2011;47-82.

［80］ Weibel S，Iannella R，Cathro W. The 4th Dublin core metadata workshop report ［R］. D-Lib Magazine,1997.

［81］ Ghoniem M，Fekete J D，Castagliola P. A comparison of the readability of graphs using node-link and matrix-based representations[C]//IEEE Symposium on Information Visualization. October 10-12，2004，Austin，TX，USA. IEEE，2004：17-24.

［82］ Emergence of scaling in random networks［J］. Science，1999，286(5439)：509-512.

［83］ Holten D，van Wijk J J. Force-directed edge bundling for graph visualization[J]. Computer Graphics Forum，2009，28(3)：983-990.

［84］ Abello J，van Ham F，Krishnan N. ASK-GraphView：A large scale graph visualization system［J］. IEEE Transactions on Visualization and Computer Graphics，2006，12(5)：669-676.

［85］ Muelder C，Ma K L. A treemap based method for rapid layout of large graphs ［C］//2008 IEEE Pacific Visualization Symposium. March 5-7，2008，Kyoto，Japan. IEEE，2008：231-238.

［86］ Cao N，Lin Y R，Li L Y，et al. G-miner：Interactive visual group mining on multivariate graphs[C]//Proceedings of the 33rd Annual ACM Conference on

Human Factors in Computing Systems-CHI '15. April 18 – 23, 2015. Seoul, Republic of Korea. New York: ACM Press, 2015: 279-288.

[87] Hurter C, Ersoy O, Telea A. Graph bundling by kernel density estimation[J]. Computer Graphics Forum, 2012, 31(3pt1): 865-874.

[88] von Landesberger T, Kuijper A, Schreck T, et al. Visual analysis of large graphs: State-of-the-art and future research challenges[J]. Computer Graphics Forum, 2011, 30(6): 1719-1749.

[89] Hennessey D, Brooks D, Fridman A, et al. A simplification algorithm for visualizing the structure of complex graphs [C]//2008 12th International Conference Information Visualisation. July 9 – 11, 2008, London, UK. IEEE, 2008: 616-625.

[90] Leskovec J, Faloutsos C. Sampling from large graphs[C]//Proceedings of the 12th ACM SIGKDD international conference on Knowledge discovery and data mining-KDD '06. August 20-23, 2006. New York: ACM Press, 2006: 631-636.

[91] Wu Y H, Cao N, Archambault D, et al. Evaluation of graph sampling: A visualization perspective[J]. IEEE Transactions on Visualization and Computer Graphics, 2017, 23(1): 401-410.

[92] Kandogan E. Just-in-time interactive analytics: Guiding visual exploration of data[J]. IBM Journal of Research and Development, 2015, 59(2/3): 12:1-12: 10.

[93] Itti L, Koch C, Niebur E. A model of saliency-based visual attention for rapid scene analysis [J]. IEEE Transactions on Pattern Analysis and Machine Intelligence, 1998, 20(11): 1254-1259.

[94] Parkhurst D, Law K, Niebur E. Modeling the role of salience in the allocation of overt visual attention[J]. Vision Research, 2002, 42(1): 107-123.

[95] Yarbus A L. Saccadic eye movements[M]//Eye Movements and Vision. Boston: Springer US, 1967: 129-146.

[96] DeAngelus M, Pelz J B. Top-down control of eye movements: Yarbus revisited [J]. Visual Cognition, 2009, 17(6/7): 790-811.

[97] Hayhoe M, Ballard D. Eye movements in natural behavior [J]. Trends in Cognitive Sciences, 2005, 9(4): 188-194.

[98] Distler C, Boussaoud D, Desimone R, et al. Cortical connections of inferior temporal area TEO in macaque monkeys [J]. The Journal of Comparative Neurology, 1993, 334(1): 125-150.

[99] Zeki S. The visual image in mind and brain[J]. Scientific American, 1992, 267 (3): 68-76.

[100] Milner D, Goodale M. The visual brain in action [M]. Oxford: Oxford University Press, 2006.

[101] Marr D. Vison[M]. New York: W. H. Freeman and Company, 1982.

[102] Treisman A, Gormican S. Feature analysis in early vision: Evidence from search asymmetries[J]. Psychological Review, 1988, 95(1): 15-48.

[103] Duncan J, Humphreys G W. Visual search and stimulus similarity [J]. Psychological Review, 1989, 96(3): 433-458.

[104] Miller G A. The magical number seven, plus or minus two: Some limits on our capacity for processing information[J]. The Journal of Psychology, 1956, 63 (2): 81-97.

[105] Turner M L, Engle R W. Is working memory capacity task dependent? [J]. Journal of Memory and Language, 1989, 28(2): 127-154.

[106] Baddeley A. Working memory and language: An overview[J]. Journal of Communication Disorders, 2003, 36(3): 189-208.

[107] Daneman M, Carpenter P A. Individual differences in working memory and reading[J]. Journal of Verbal Learning and Verbal Behavior, 1980, 19(4): 450-466.

[108] King J, Just M A. Individual differences in syntactic processing: The role of working memory[J]. Journal of Memory and Language, 1991, 30(5): 580-602.

[109] Baddeley A, Wilson B. Phonological coding and short-term memory in patients without speech[J]. Journal of Memory and Language, 1985, 24(4): 490-502.

[110] Caplan D, Waters G S. On the nature of the phonological output planning processes involved in verbal rehearsal: Evidence from aphasia[J]. Brain and Language, 1995, 48(2): 191-220.

[111] Case R, Kurland D M, Goldberg J. Operational efficiency and the growth of short-term memory span[J]. Journal of Experimental Child Psychology, 1982, 33(3): 386-404.

[112] Towse J N, Hitch G J. Is there a relationship between task demand and storage space in tests of working memory capacity? [J]. The Quarterly Journal of Experimental Psychology. A, Human Experimental Psychology, 1995, 48(1): 108-124.

［113］Barrouillet P，Camos V. Developmental increase in working memory span：Resource sharing or temporal decay? ［J］. Journal of Memory and Language，2001，45(1)：1-20.

［114］Barrouillet P，Bernardin S，Camos V. Time constraints and resource sharing in adults' working memory spans［J］. Journal of Experimental Psychology. General，2004，133(1)：83-100.

［115］Falzer P R. Cognitive schema and naturalistic decision making in evidence-based practices［J］. Journal of Biomedical Informatics，2004，37(2)：86-98.

［116］Aiken J A. Richard Padovan——Proportion：Science，Philosophy，Architecture ［J］. Isis，2002，93(3)：113-122.

［117］Kolers P A. Memorial consequences of automatized encoding［J］. Journal of Experimental Psychology：Human Learning and Memory，1975，1（6）：689-701.

［118］Sweller J. Cognitive load during problem solving：Effects on learning［J］. Cognitive Science，1988，12(2)：257-285.

［119］Kerick S E，Allender L E. Effects of cognitive workload on decision accuracy，shooting performance，and cortical activity of soldiers［C］//Transformational Science and Technology for the Current and Future Force. Orlando，Florida，USA. WORLD SCIENTIFIC，2006：359-362.

［120］Russell-Rose T. Designing the search experience［M］//Human-Computer Interaction-INTERACT 2011. Berlin，Heidelberg：Springer Berlin Heidelberg，2011：702-703.

［121］Pirolli P，Card S. Information foraging［J］. Psychological Review，1999，106 (4)：643-675.

［122］Riding R J，Cheema I. Cognitive Styles：An overview and integration［J］. Educational Psychology，1991，11(3)：193-215.

［123］Kozhevnikov M. Cognitive styles in the context of modern psychology：Toward an integrated framework of cognitive style［J］. Psychological Bulletin，2007，133(3)：464-481.

［124］Kim K S. Information-seeking on the Web：Effects of user and task variables ［J］. Library & Information Science Research，2001，23(3)：233-255.

［125］Denig S J. Multiple intelligences and learning styles：Two complementary dimensions［J］. Teachers College Record，2004，106(1)：96-111.

［126］Tempelman-Kluit N. Multimedia learning theories and online instruction［J］.

College & Research Libraries，2006，67(4)：364-369.

[127] Paivio A. Imagery and verbal processes[M].Hove：Psychology Press，2013.

[128] Mayer R E，Sims V K. For whom is a picture worth a thousand words? extensions of a dual-coding theory of multimedia learning[J]. Journal of Educational Psychology，1994，86(3)：389-401.

[129] Hegarty M，Waller D A. Individual differences in spatial abilities[M]//The Cambridge Handbook of Visuospatial Thinking. CambridgeCambridge University Press，2005：121-169.

[130] Shepard R N，Metzler J. Mental rotation of three-dimensional objects[J]. Science，1971，171(3972)：701-703.

[131] Peters M，Laeng B，Latham K，et al. A redrawn Vandenberg and kuse mental rotations test-different versions and factors that affect performance[J]. Brain and Cognition，1995，28(1)：39-58.

[132] Hartley T，Bird C M，Chan D，et al. The hippocampus is required for short-term topographical memory in humans[J]. Hippocampus，2007，17(1)：34-48.

[133] Knauff M，Wolf A G. Complex cognition：The science of human reasoning，problem-solving，and decision-making[J]. Cognitive Processing，2010，11(2)：99-102.

[134] Schmid U，Ragni M，Gonzalez C，et al. The challenge of complexity for cognitive systems[J]. Cognitive Systems Research，2011，12(3/4)：211-218.

[135] Parsons P，Sedig K. Adjustable properties of visual representations：Improving the quality of human-information interaction[J]. Journal of the Association for Information Science and Technology，2014，65(3)：455-482.

[136] Kirsh D. Thinking with external representations[J]. Ai & Society，2010，25(4)：441-454.

[137] Amini F，Rufiange S，Hossain Z，et al. The impact of interactivity on comprehending 2D and 3D visualizations of movement data[J]. IEEE Transactions on Visualization and Computer Graphics，2015，21(1)：122-135.

[138] Caelli T，Moraglia G. On the detection of Gabor signals and discrimination of Gabor textures[J]. Vision Research，1985，25(5)：671-684.

[139] Garner Wendell R. The processing of information and structure[J]. Behavior Therapy，1974，5(4)：598-599.

[140] Mayer R E，Moreno R. Nine ways to reduce cognitive load in multimedia learning[J]. Educational Psychologist，2003，38(1)：43-52.

［141］Ware C. Information visualization：perception for design［M］. Amsterdam：Elsevier，2012.

［142］Johansson G. Visual motion perception［J］. Scientific American，1975，232(6)：76-88.

［143］Lowe R，Schnotz W，Rasch T. Aligning affordances of graphics with learning task requirements［J］. Applied Cognitive Psychology，2011，25(3)：452-459.

［144］Hegarty M. Mechanical reasoning by mental simulation［J］. Trends in Cognitive Sciences，2004，8(6)：280-285.

［145］Lowe R K. Animation and learning：Selective processing of information in dynamic graphics［J］. Learning and Instruction，2003，13(2)：157-176.

［146］Brucker B，Scheiter K，Gerjets P. Learning with dynamic and static visualizations：Realistic details only benefit learners with high visuospatial abilities［J］. Computers in Human Behavior，2014，36：330-339.

［147］Oldfield R C. The perception of causality［J］. Journal of Neurology，Neurosurgery & Psychiatry，1963，26(5)：476.

［148］Johnson J.认知与设计:理解 UI 设计准则［M］.张一宁,译.北京:人民邮电出版社,2011.

［149］Saket B，Srinivasan A，Ragan E D，et al. Evaluating interactive graphical encodings for data visualization［J］. IEEE Transactions on Visualization and Computer Graphics，2018，24(3)：1316-1330.

［150］Shneiderman B. Designing the user interface：strategies for effective human-computer interaction［M］.［S.l.：s.n.］，2010.

［151］Basole R C，Clear T，Hu M D，et al. Understanding interfirm relationships in business ecosystems with interactive visualization［J］. IEEE Transactions on Visualization and Computer Graphics，2013，19(12)：2526-2535.

［152］Woods D D. Visual momentum：A concept to improve the cognitive coupling of person and computer［J］. International Journal of Man-Machine Studies，1984，21(3)：229-244.

［153］Sarkar M，Brown M H. Graphical fisheye views［J］. Communications of the ACM，1994，37(12)：73-83.

［154］Ahlberg C，Williamson C，Shneiderman B. Dynamic queries for information exploration：An implementation and evaluation［C］//Proceedings of the SIGCHI conference on Human factors in computing systems-CHI '92. May 3-7，1992. Monterey，California，USA. New York：ACM Press，1992.

[155] Becker R A，Cleveland W S. Brushing scatterplots[J]. Technometrics，1987，29(2)：127-142.

[156] Siegel A W，White S H. The development of spatial representations of large-scale environments[J]. 1975，10：9-55.

[157] Colle H A，Reid G B. The room effect：Metric spatial knowledge of local and separated regions[J]. Presence：Teleoperators and Virtual Environments，1998，7(2)：116-128.

[158] Keillor J，Trinh K，Hollands J G，et al. Effects of transitioning between perspective-rendered views[J]. Proceedings of the Human Factors and Ergonomics Society Annual Meeting，2007，51(19)：1322-1326.

[159] Hollands J G，Pavlovic N J，Enomoto Y，et al. Smooth rotation of 2-D and 3-D representations of terrain：An investigation into the utility of visual momentum[J]. Human Factors：the Journal of the Human Factors and Ergonomics Society，2008，50(1)：62-76.

[160] 张晶,薛澄岐,沈张帆,等.基于认知分层的图像复杂度研究[J].东南大学学报(自然科学版),2016,46(6):1149-1154.

[161] Rosenholtz R，Li Y Z，Nakano L. Measuring visual clutter[J]. Journal of Vision，2007，7(2)：17.

[162] Parsons P，Sedig K. Common visualizations：their cognitive utility[M]// Handbook of Human Centric Visualization. New York：Springer New York，2013：671-691.

[163] Ishwarappa. A brief introduction on big data 5Vs characteristics and hadoop technology[J]. Procedia Computer Science，2015，48：319-324.

[164] Opach T，Gołębiowska I，Fabrikant S I. How do people view multi-component animated maps？[J]. The Cartographic Journal，2014，51(4)：330-342.

[165] Smith J R，Schirling P. Metadata standards roundup[J]. IEEE Multimedia，2006，13(2)：84-88.

[166] Ayres P，Paas F. Making instructional animations more effective：A cognitive load approach[J]. Applied Cognitive Psychology，2007，21(6)：695-700.

[167] Ayres P，Paas F. Can the cognitive load approach make instructional animations more effective[J]. Applied Cognitive Psychology，2007，21(6)：811-820.

[168] Hill O W，Stuckey R W. Spatial coding of information on temporal order in short-term memory[J]. Perceptual and Motor Skills，1993，76(1)：119-124.

［169］van Asselen M，van der Lubbe R H J，Postma A. Are space and time automatically integrated in episodic memory? ［J］. Memory（Hove，England），2006，14(2)：232-240.

［170］Ploner C J，Gaymard B，Rivaud S，et al. Temporal limits of spatial working memory in humans［J］. The European Journal of Neuroscience，1998，10(2)：794-797.

［171］Parkin A J，Walter B M，Hunkin N M. Relationships between normal aging，frontal lobe function，and memory for temporal and spatial information［J］. Neuropsychology，1995，9(3)：304-312.

［172］Shimamura A P，Janowsky J S，Squire L R. Memory for the temporal order of events in patients with frontal lobe lesions and amnesic patients［J］. Neuropsychologia，1990，28(8)：803-813.

［173］Kopelman M D，Stanhope N，Kingsley D. Temporal and spatial context memory in patients with focal frontal，temporal lobe，and diencephalic lesions ［J］. Neuropsychologia，1997，35(12)：1533-1545.

［174］Hill O W，Moadab M H. Spatial information and temporal representation in memory［J］. Perceptual and Motor Skills，1995，81(3_suppl)：1339-1343.

［175］Ekstrom A D，Copara M S，Isham E A，et al. Dissociable networks involved in spatial and temporal order source retrieval［J］. NeuroImage，2011，56(3)：1803-1813.

［176］Spiers H J，Burgess N，Maguire E A，et al. Unilateral temporal lobectomy patients show lateralized topographical and episodic memory deficits in a virtual town［J］. Brain，2001，124(12)：2476-2489.

［177］Casasanto D，Boroditsky L. Time in the mind：Using space to think about time ［J］. Cognition，2008，106(2)：579-593.

［178］Robertson G，McCracken D，Newell A. The ZOG approach to man-machine communication［J］. International Journal of Man-Machine Studies，1981，14(4)：461-488.

［179］Raymond J E，Shapiro K L，Arnell K M. Temporary suppression of visual processing in an RSVP task：An attentional blink? ［J］. Journal of Experimental Psychology：Human Perception and Performance，1992，18(3)：849-860.

［180］Long G M. Iconic memory：A review and critique of the study of short-term visual storage［J］. Psychological Bulletin，1980，88(3)：785-820.

[181] Sewell D K, Lilburn S D, Smith P L. An information capacity limitation of visual short-term memory[J]. Journal of Experimental Psychology: Human Perception and Performance, 2014, 40(6): 2214-2242.

[182] Hintzman D L. Judgments of recency and their relation to recognition memory [J]. Memory & Cognition, 2003, 31(1): 26-34.

[183] Tendolkar I, Rugg M D. Electrophysiological dissociation of recency and recognition memory[J]. Neuropsychologia, 1998, 36(6): 477-490.

[184] Grove K L, Wilding E L. Retrieval processes supporting judgments of recency [J]. Journal of Cognitive Neuroscience, 2009, 21(3): 461-473.

[185] Kimura H M, Hirose S, Kunimatsu A, et al. Differential temporo-parietal cortical networks that support relational and item-based recency judgments[J]. NeuroImage, 2010, 49(4): 3474-3480.

[186] Papagno C, Valentine T, Baddeley A. Phonological short-term memory and foreign-language vocabulary learning[J]. Journal of Memory and Language, 1991, 30(3): 331-347.

[187] Papagno C, Vallar G. Phonological short-term memory and the learning of novel words: The effect of phonological similarity and item length[J]. The Quarterly Journal of Experimental Psychology Section A, 1992, 44(1): 47-67.

[188] Berch D B, Krikorian R, Huha E M. The corsi block-tapping task: Methodological and theoretical considerations[J]. Brain and Cognition, 1998, 38(3): 317-338.

[189] Kerr N H. Locational representation in imagery: The third dimension[J]. Memory & Cognition, 1987, 15(6): 521-530.

[190] Vecchi T, Monticellai M L, Cornoldi C. Visuo-spatial working memory: Structures and variables affecting a capacity measure[J]. Neuropsychologia, 1995, 33(11): 1549-1564.

[191] Kemps E. Effects of complexity on visuo-spatial working memory[J]. European Journal of Cognitive Psychology, 1999, 11(3): 335-356.

[192] Kemps E. Complexity effects in visuo-spatial working memory: Implications for the role of long-term memory[J]. Memory, 2001, 9(1): 13-27.

[193] Parmentier F B R, Andrés P, Elford G, et al. Organization of visuo-spatial serial memory: Interaction of temporal order with spatial and temporal grouping[J]. Psychological Research, 2006, 70(3): 200-217.

[194] De Lillo C. Imposing structure on a Corsi-type task: Evidence for hierarchical

organisation based on spatial proximity in serial-spatial memory[J]. Brain and Cognition, 2004, 55(3): 415-426.

[195] Wright A A, Santiago H C, Sands S F, et al. Memory processing of serial lists by pigeons, monkeys, and people[J]. Science, 1985, 229(4710): 287-289.

[196] Nairne J S, Neath I, Serra M, et al. Positional distinctiveness and the ratio rule in free recall[J]. Journal of Memory and Language, 1997, 37(2): 155-166.

[197] Kerr J, Ward G, Avons S E. Response bias in visual serial order memory[J]. Journal of Experimental Psychology: Learning, Memory, and Cognition, 1998, 24(5): 1316-1323.

[198] Maccoby E E, Jacklin C N. The psychology of sex differences [M]. Redwood City: Stanford University Press, 1974.

[199] Richardson J T E. Chapter 19 Gender differences in imagery, cognition, and memory[M]//Mental Images in Human Cognition. Amsterdam: Elsevier, 1991: 271-303.

[200] Wickens C D, Liu Y L. Codes and modalities in multiple resources: A success and a qualification[J]. Human Factors: the Journal of the Human Factors and Ergonomics Society, 1988, 30(5): 599-616.

[201] Wickens C D. Multiple resources and mental workload[J]. Human Factors: the Journal of the Human Factors and Ergonomics Society, 2008, 50(3): 449-455.

[202] Rubio S, Diaz E, Martin J, et al. Evaluation of subjective mental workload: A comparison of SWAT, NASA-TLX, and workload profile methods[J]. Applied Psychology, 2004, 53(1): 61-86.

[203] 孙崇勇,刘电芝.认知负荷主观评价量表比较[J].心理科学,2013,36(1): 194-201.

[204] Underwood G, Radach R. Eye guidance and visual information processing [M]//Eye Guidance in Reading and Scene Perception. Amsterdam: Elsevier, 1998: 1-27.

[205] Desroches A S, Joanisse M F, Robertson E K. Specific phonological impairments in dyslexia revealed by eyetracking[J]. Cognition, 2006, 100(3): B32-B42.

[206] Lee M J C, Tidman S J, Lay B S, et al. Visual search differs but not reaction time when intercepting a 3D versus 2D videoed opponent[J]. Journal of Motor Behavior, 2013, 45(2): 107-115.

[207] Velichkovsky B M, Joos M, Helmert J R, et al. Two visual systems and their

eye movements: Evidence from static and dynamic scene perception[J]. Proceedings of the XXVII Conference of the Cognitive Science Society, 2005: 2283-2288.

[208] May J G, Kennedy R S, Williams M C, et al. Eye movement indices of mental workload[J]. Acta Psychologica, 1990, 75(1): 75-89.

[209] Jacob R J K, Karn K S. Eye tracking in human-computer interaction and usability research[M]//The Mind's Eye. Amsterdam: Elsevier, 2003: 573-605.

[210] Diaz-Piedra C, Rieiro H, Suárez J, et al. Fatigue in the military: Towards a fatigue detection test based on the saccadic velocity[J]. Physiological Measurement, 2016, 37(9): N62-N75.

[211] van Orden K F, Jung T P, Makeig S. Combined eye activity measures accurately estimate changes in sustained visual task performance[J]. Biological Psychology, 2000, 52(3): 221-240.

[212] Di Stasi L L, Renner R, Staehr P, et al. Saccadic peak velocity sensitivity to variations in mental workload[J]. Aviation, Space, and Environmental Medicine, 2010, 81(4): 413-417.

[213] Di Stasi L L, Antolí A, Cañas J J. Main sequence: An index for detecting mental workload variation in complex tasks[J]. Applied Ergonomics, 2011, 42 (6): 807-813.

[214] Stern J A, Boyer D, Schroeder D. Blink rate: A possible measure of fatigue[J]. Human Factors: the Journal of the Human Factors and Ergonomics Society, 1994, 36(2): 285-297.

[215] Zeghal K, Grimaud I, Hoffman E, et al. Delegation of spacing tasks from controllers to flight crew: Impact on controller monitoring tasks[C]// Proceedings of the 21st Digital Avionics Systems Conference. October 27-31, 2002, Irvine, CA, USA. IEEE, 2002: 2B3.

[216] Stern J A, Walrath L C, Goldstein R. The endogenous eyeblink[J]. Psychophysiology, 1984, 21(1): 22-33.

[217] Rayner K. Eye movements in reading and information processing: 20 years of research[J]. Psychological Bulletin, 1998, 124(3): 372-422.

[218] Bennett K B, Flach J M. Design principles[M]//Display and Interface Design. Boca Raton: CRC Press, 2011.

[219] Bennett K B, Flach J M. Visual momentum redux[J]. International Journal of

Human-Computer Studies, 2012, 70(6): 399-414.

[220] Jellinger K A. The neurology of eye movements 4th edn[J]. European Journal of Neurology, 2009, 16(7): e132. DOI:10.1111/j.1468-1331.2009.02674.x.

[221] Rayner K, Castelhano M. Eye movements[J]. Scholarpedia, 2007, 2(10): 3649.

[222] Huang W D, Eades P, Hong S. Measuring effectiveness of graph visualizations: A cognitive load perspective[J]. Information Visualization, 2009, 8(3): 139-152.

[223] McIntire L K, McIntire J P, McKinley R A, et al. Detection of vigilance performance with pupillometry[C]//Proceedings of the Symposium on Eye Tracking Research and Applications-ETRA '14. March 26-28, 2014. Safety Harbor, Florida. New York: ACM Press, 2014: 167-174.

[224] Wahn B, Ferris D P, Hairston W D, et al. Pupil sizes scale with attentional load and task experience in a multiple object tracking task[J]. PLoS One, 2016, 11(12): e0168087. DOI:10.1371/journal.pone.0168087.

[225] Ware C, Franck G. Evaluating stereo and motion cues for visualizing information nets in three dimensions[J]. ACM Transactions on Graphics (TOG), 1996, 15(2): 121-140.

[226] Belcher D, Billinghurst M, Hayes S E, et al. Using augmented reality for visualizing complex graphs in three dimensions[C]//The Second IEEE and ACM International Symposium on Mixed and Augmented Reality, 2003. Proceedings. October 10-10, 2003, Tokyo, Japan. IEEE, 2003: 84-93.

[227] Ware C, Mitchell P. Visualizing graphs in three dimensions[J]. ACM Transactions on Applied Perception, 2008, 5(1): 1-15.

[228] Kwon O H, Muelder C, Lee K, et al. A study of layout, rendering, and interaction methods for immersive graph visualization[J]. IEEE Transactions on Visualization and Computer Graphics, 2016, 22(7): 1802-1815.

[229] Kotlarek J, Kwon O H, Ma K L, et al. A study of mental maps in immersive network visualization[C]//2020 IEEE Pacific Visualization Symposium (PacificVis). June 3-5, 2020, Tianjin. IEEE, 2020: 1-10.

[230] Büschel W, Vogt S, Dachselt R. Augmented reality graph visualizations[J]. IEEE Computer Graphics and Applications, 2019, 39(3): 29-40.

[231] Huang Y J, Fujiwara T, Lin Y X, et al. A gesture system for graph visualization in virtual reality environments[C]//2017 IEEE Pacific

Visualization Symposium (PacificVis). April 18-21, 2017, Seoul. IEEE, 2017: 41-45.

[232] Drogemuller A, Cunningham A, Walsh J, et al. Examining virtual reality navigation techniques for 3D network visualisations[J]. Journal of Computer Languages, 2020, 56: 100937.

[233] James R, Bezerianos A, Chapuis O, et al. Personal + Context navigation: combining AR and shared displays in Network Path-following[C]//Proceedings of Graphics Interface, May 2020. Toronto:[s.n.],2020.

[234] Alper B, Hollerer T, Kuchera-Morin J, et al. Stereoscopic highlighting: 2D graph visualization on stereo displays[J]. IEEE Transactions on Visualization and Computer Graphics, 2011, 17(12): 2325-2333.

[235] Sorger J, Waldner M, Knecht W, et al. Immersive analytics of large dynamic networks via overview and detail navigation[EB/OL]. 2019: arXiv:1910.06825 [cs.HC]. https://arxiv.org/abs/1910.06825.

[236] Cordeil M, Dwyer T, Klein K, et al. Immersive collaborative analysis of network connectivity: CAVE-style or head-mounted display? [J]. IEEE Transactions on Visualization and Computer Graphics, 2017, 23(1): 441-450.

[237] Butscher S, Hubenschmid S, Müller J, et al. Clusters, trends, and outliers: How immersive technologies can facilitate the collaborative analysis of multidimensional data[C]//Proceedings of the 2018 CHI Conference on Human Factors in Computing Systems-CHI '18. April 19-26, 2018. Montreal QC, Canada. New York: ACM Press, 2018: 1-12.

[238] Georgiev G V, Yamada K, Taura T, et al. Augmenting creative design thinking using networks of concepts[J]. 2017 IEEE Virtual Reality (VR), 2017: 243-244.